内容简介

　　现代养禽技术是中等职业学校畜禽生产技术专业的核心课和主干课程，其内容主要包括绪论、家禽品种、家禽的解剖生理、家禽的孵化、家禽的饲养管理、禽病的防治等内容。本教材以理论"必需、够用"为原则，以职业岗位能力培养为核心，突出学生实践动手能力的培养。本教材具有专业技能覆盖面宽、系统性强、知识和能力结合紧密、通俗易懂、简明扼要等特点，主要面向中等职业学校畜禽生产专业学生和基层畜牧兽医从业者，充分体现职业教育的科学性、实践性、综合性和先进性。

国家级高技能人才培训基地建设项目

现代
养禽技术

马学礼　主编

中国农业出版社

北　京

图书在版编目（CIP）数据

现代养禽技术 / 马学礼主编 . —北京：中国农业
出版社，2023.8
ISBN 978-7-109-31039-1

Ⅰ.①现…　Ⅱ.①马…　Ⅲ.①养禽学－中等专业学校
－教材　Ⅳ.①S83

中国国家版本馆 CIP 数据核字（2023）第 157093 号

中国农业出版社出版
地址：北京市朝阳区麦子店街 18 号楼
邮编：100125
责任编辑：李　萍　文字编辑：耿韶磊
版式设计：杨　婧　责任校对：吴丽婷
印刷：北京印刷一厂
版次：2023 年 8 月第 1 版
印次：2023 年 8 月北京第 1 次印刷
发行：新华书店北京发行所
开本：787mm×1092mm　1/16
印张：7
字数：175 千字
定价：25.00 元

编写委员会

主　任　黄文娟　朱　杰

副主任　张忠文　王海鸥　陈建平　冯　丽

委　员　（以姓氏笔画为序）

　　　　王转莉　卢　潇　乔　娜　张广才

　　　　郭　亮　雒婷婷

编审人员

主　编　马学礼［宁夏生物工程技工学校（宁夏回族自治区农业学校）］

参　编　（以姓氏笔画为序）

　　　　边海霞（宁夏晓鸣农牧股份有限公司）

　　　　师亚芳［宁夏生物工程技工学校（宁夏回族自治区农业学校）］

　　　　李会菊［宁夏生物工程技工学校（宁夏回族自治区农业学校）］

　　　　李燕妮［宁夏生物工程技工学校（宁夏回族自治区农业学校）］

审　稿　顾亚玲（宁夏大学）

前言
FOREWORD

党的二十大报告指出："深入实施人才强国战略。培养造就大批德才兼备的高素质人才，是国家和民族长远发展大计。"2021年，中共中央办公厅、国务院办公厅印发《关于推动现代职业教育高质量发展的意见》，其中明确提出：职业教育是国民教育体系和人力资源开发的重要组成部分，肩负着培养多样化人才、传承技术技能、促进就业创业的重要职责。在全面建设社会主义现代化国家新征程中，职业教育前途广阔、大有可为。宁夏生物工程技工学校（宁夏回族自治区农业学校）畜牧兽医专业是国家级重点建设专业，贯彻落实国家现代职业教育的相关精神显得尤为迫切。

现代养禽技术是畜禽生产技术专业的一门核心课程，课程的主要特点是实用性强、技术性强，基本理论少，基本技能多，实际应用能力要求比较高。本教材以模块为单元，在编写过程中力求贴近生产实际，渗入课程思政，突出地方产业特点，让学生能较熟练地掌握基本的家禽生产技术。内容简明扼要、通俗易懂，突出科学性、应用性、实用性和操作性，符合中等职业教育的人才培养目标。适用于中等职业学校畜禽生产技术专业学生，也适用于基层从事畜禽生产工作的人员。

本教材由马学礼主编，负责编写模块一、模块二、模块四、模块五，并对全书统稿；边海霞负责编写模块三的任务四；师亚芳负责编写模块三的任务二；李会菊负责编写模块三的任务三；李燕妮负责编写模块三的任务一。宁夏大学顾亚玲教授对本教材进行了悉心审阅，并提出了宝贵的建议和意见。本教材在编写过程中，得到学校领导的关怀及畜牧兽医教研室全体教师给予的大力支持，在此一并表示衷心的感谢！

由于编者水平有限，教材中不足和遗漏之处在所难免，恳请广大师生和读者批评指正，以便今后加以改正和修订。

编　者

2023年2月

目录
C O N T E N T S

绪　　论

知识目标

1. 了解家禽生产在我国国民经济中的作用。
2. 了解我国家禽生产概况。
3. 掌握现代养禽业的特点。
4. 了解我国养禽业的发展趋势。

能力目标

会分析在养禽业发展中存在的主要问题。

　　世界上大约有 1 万种鸟类。那些经人类驯养，在家养条件下能生存繁衍，且有一定经济价值的类群统称为家禽，如鸡、鸭、鹅等。随着人们的驯养，一些鸟类也逐渐转变为经济品种，如孔雀、鸵鸟等。这些禽类的生物学特性、繁育孵化、饲养管理、卫生保健、产品加工以及禽场的经营管理都是家禽生产研究的对象。

一、养禽业在国民经济中的意义

（一）养禽业是农业的重要组成部分，在农业经济中占有重要的地位

　　我国是农业大国，畜牧业是农业生产的重要组成部分，养禽业在畜牧业中占有很大一部分比例。改革开放以来，随着农业产业结构调整及人民生活水平的提高，我国养禽业取得了长足发展，已逐步形成集约化、产业化生产。养禽业在畜牧业、大农业中所占的比重越来越大。

（二）提供禽蛋产品，提高人民生活水平

　　我国饲养家禽历史悠久，家禽品种丰富。我国人民素有食用家禽肉、蛋的传统。随着养禽业发展，我国禽产品数量逐年增加，禽肉的产量和销售量仅次于猪肉，市场上禽肉与禽蛋的供应十分丰富，现在人均禽蛋占有量达 20kg 以上，人均禽肉占有量达 12kg 以上。2019年，我国的禽肉产量占世界总产量的 17%，居第 2 位，禽蛋产量占世界总产量的 45%，居第 1 位。截至 2019 年，全球禽肉产量 13 165 万 t，我国禽肉产量占全球禽肉产量的 17%。近几年我国主要畜禽产品生产情况见表 1-1。

表 1-1   近几年我国主要畜禽产品生产情况

(国家统计局，2019)

年份	肉类产量	猪肉	牛肉	羊肉	禽肉	禽蛋产量
2013	8 633 万 t	5 619 万 t	613 万 t	410 万 t	1 991 万 t	2 905 万 t
2014	8 819 万 t	5 821 万 t	616 万 t	428 万 t	1 954 万 t	2 930 万 t
2015	8 749 万 t	5 645 万 t	617 万 t	440 万 t	2 047 万 t	3 046 万 t
2016	8 628 万 t	5 425 万 t	617 万 t	460 万 t	2 126 万 t	3 160 万 t
2017	8 655 万 t	5 452 万 t	635 万 t	471 万 t	2 097 万 t	3 096 万 t
2018	8 625 万 t	5 404 万 t	644 万 t	475 万 t	2 102 万 t	3 128 万 t
2019	7 649 万 t	4 255 万 t	667 万 t	488 万 t	2 239 万 t	3 309 万 t

1. 食用价值   禽肉鲜嫩可口、高蛋白、低脂肪，富含各种氨基酸、维生素、矿物质，同时也容易消化吸收，是人类的优质食品。

(1) 高蛋白、低脂肪。这是人们认定健康食品的重要标准，可以明显降低高血压和冠心病的发病率。每 100g 鸡肉中含有蛋白质 23.3g，而脂肪仅有 1.2g。鸡肉的干物质中 77% 是蛋白质。不同肉类主要营养物质的比较见表 1-2。被誉为十全大补珍禽的黑凤鸡，其蛋白质含量为 43%～56%，而脂肪含量仅为 1%。

表 1-2   不同肉类主要营养物质的比较 （每百克食物中的含量）

肉品	鸡肉		肉用牛肉		猪肉		绵羊肉
	胸部	腿部	腿部	臀部	腰部	腿部	腰部
蛋白质/g	31.5	25.4	27.0	21.0	23.0	—	24.0
脂肪/g	1.8	1.8	21.5	—	28.0	56.1	—
核黄素/mg	3.0	6.0	2.2	1.5	2.4	—	2.6
烟酸/mg	105	50	55	31	50	77	56

(2) 容易消化。禽蛋的消化率高达 95% 以上，禽肉一般调理后蛋白质的消化率达 97%。

(3) 氨基酸平衡。一般都用蛋的氨基酸组成作为理想氨基酸组成的基准。

(4) 胆固醇。胆固醇是细胞膜的重要成分之一，能增强细胞膜的韧性；同时也是人体内许多重要活性物质的合成材料，如维生素 D、肾上腺素、性激素、胆汁等。胆固醇的代谢产物胆酸能乳化脂类，促进膳食中脂类物质的吸收。胆固醇广泛存在于动物性食物中（表 1-3），人体也能自身合成，一般不缺乏，其含量过高常与高血脂、动脉粥样硬化、心脏病等有关。体内胆固醇水平的升高主要是内源性的，因此在限制摄入胆固醇的同时，更要注意热能摄入平衡，预防内源性胆固醇水平的升高。

表 1-3   几种动物性食品胆固醇含量比较 （mg/100g）

食品名称	鸡肉	全蛋	蛋黄	猪肉	猪肝	牛肉	牛奶	猪蹄	猪油	植物油
胆固醇含量	75	680	1 705	126	368	125	13	6 200	85	0

注：猪蹄是目前测定食物中含量最高的一种。

2. 药用价值　鸡内金（肌胃的角质膜），又称砂囊内壁，是一种中药材，呈不规则卷片状，表面黄色，半透明，质脆易碎，气微腥，味微苦，可健胃、消食、治食积腹胀、消化不良、呕吐、泄泻。《本草纲目》中记载有：乌骨鸡性平，味甘、无毒，补虚劳赢弱，益产妇；山鸡补中气，治脾虚、泄泻。

3. 经济效益好

（1）家禽养殖属于"短、平、快"项目，生产周期短，资金周转快，生产效率高。肉鸡7～8周龄上市，体重可达2.2～2.5kg，肉鸭8周龄可达3.0～3.5kg，前者料肉比为2∶1，后者为2.5∶1。蛋禽生产效率也相当可观，20周龄开产，25～26周龄达到高峰，产蛋率达90%以上，年产蛋16～18kg，料蛋比（2.2～2.5）∶1。

（2）便于集约化管理，劳动生产率高。肉鸡采用不换垫料、机械喂料、自动饮水时可定额为4万～6万只，全人工操作每人可饲养3 000～5 000只。蛋鸡采用笼养、机械喂料、自动饮水、机械清粪、人工拣蛋时可达2万～3万只/人。

二、我国养禽业的发展概况

（一）历史悠久，经验丰富

我国养禽业起源很早，据古书记载和考古证明，6 000年前在母系氏族社会就有鸡的骨骼，说明当时已养鸡为食。东汉末年，已发明了阉鸡术。《隋书经籍志》中的《相鸡经》《相鸭经》《相鹅经》等是南北朝时期梁代的养禽专著，《昭代丛书·别集》中的《哺记》是孵化专著。这些足以说明我国养禽业历史悠久。

我国养禽业不仅历史悠久，而且还选育了不少优良地方品种，积累了丰富的饲养管理经验，对世界养禽业的发展贡献巨大。

1. 品种丰富　我国家禽地方良种很多，载入《中国家禽品种志》的就有52个，其中九斤鸡、狼山鸡、丝毛鸡、北京鸭、中国鹅被列为国际标准品种。我国家禽良种对许多世界著名品种的育成做了重大贡献，如洛克鸡、洛岛红鸡在育种过程中都引入了九斤鸡血液；奥品顿鸡和澳洲黑鸡含有狼山鸡的血液。

2. 技术方面　我国和埃及是世界养禽史上发明人工孵化较早的两个国家。近年来，我国科研人员又在生产实践中总结出了看胎施温等孵化技术。这些对现代人工孵化技术的发展具有重要意义。

（二）发展迅速，成就喜人

1. 生产发展迅速，家禽存栏数量剧增

（1）蛋鸡生产。我国现代化养禽业始于20世纪70年代中期，是从东欧国家引进技术设备加以改造发展起来的。据报道，2018年，我国存栏量10万只以上的蛋鸡场有960个，形成了比较稳定的禽蛋生产供应基地，并带动了集体、个体养禽业的发展。我国鸡蛋总产量居世界第一，但生产水平与当代先进水平相比仍存在一定的差距。

（2）肉鸡生产。我国禽肉总产量中，肉仔鸡的产肉量占45%，淘汰蛋鸡的产肉量占22.8%，水特禽的产肉量占26.7%，优质鸡的产肉量占5.5%。今后，肉仔鸡及优质鸡比例会增加，淘汰蛋鸡比例会下降。

肉仔鸡的生产在我国起步较晚，从国外规模引进肉种鸡扩繁生产商品肉鸡始于20世纪80年代初期。肉鸡养殖是整个畜牧业中产业化经营程度最高、出口创汇最多、带动相关产业最广的一个产业。在我国出口的主要禽肉产品中，鸡肉是主要产品。在肉鸡产品中又以劳动密集型的鸡块及鸡杂为主，其比重占到了肉鸡产品的92％以上，我国整只鸡出口的比重很小。出口快大型肉鸡主要在山东、吉林、河南、北京等地的35家大型禽肉加工出口企业，以熟制品的形式出口到日本、韩国及东南亚等地。

目前我国肉仔鸡52d上市体重2.1kg，料肉比2.2∶1以上，而美国42d的上市体重为2.1kg，料肉比为1.9∶1。由此可以看出，我国肉鸡的生产水平与美国存在一定差距。

2. 科技成就喜人

（1）良种繁育体系基本建成。我国的良种繁育体系主要是通过引种完成的。20世纪80年代中后期，我国先后引进9个国家25家育种公司的34个蛋鸡和肉鸡品种、10个肉鸭品种、2个鹅品种，引进以后相继建成了祖代鸡场甚至曾祖代鸡场。这些育种素材经我国育种工作者"消化吸收"以后，不断育成具有自己特色的新配套系，也先后建起了几个原种鸡场，形成了我国蛋鸡和肉鸡良种繁育体系，基本满足了生产需要。在地方鸡种选育提高的基础上，形成了独具特色的优质蛋肉鸡。我国鸭、鹅品种优良，自给有余，但体系还不完善。

（2）家禽的营养研究有了很大进展，并逐步建立起了完善的饲料工业体系。

①饲料营养标准化。自1985年我国《鸡饲养标准》发布以来，养鸡业已普遍使用配合饲料。随鸡种引进，育种公司的饲养标准也同时被引用。现在又不断开发出了各种优质肉鸡饲料、特禽饲料、特色蛋鸡饲料等。

②饲料配方科学化。如蛋白质方面，由粗蛋白质到氨基酸，由氨基酸含量到可利用氨基酸的含量，实现了按照饲料中氨基酸利用率来配制鸡饲料。同时，无鱼粉配合饲料得到广泛应用，效果良好。

（3）禽病防治体系初步建立，鸡的烈性传染病得到了有效控制。养鸡场的卫生防疫工作日益被重视并加强，全进全出制的管理模式及免疫接种程序得到普及，大、中型鸡场开展了抗体检测及环境监测，种鸡场开展了鸡白痢等病的净化工作，鸡场场址选择及建场设计中重视工程防疫，确定饲养工艺与管理规程时将防疫放在首位考虑，从而使鸡的烈性传染病得到了有效控制。

（4）禽舍、设备供应体系（包括禽舍设计、设备、用具等）发展很快。

①鸡场和鸡舍的设计更趋合理。

鸡场布局更合理：密集型→各自形成分场，有防疫距离。

鸡舍环境控制有了新进展，夏季湿帘降温和负压纵向通风系统代替横向通风系统。冬季用风机将加热的空气送到舍内。

②工厂化养鸡设备工业体系已建立。我国已能全部设计制造工厂化养鸡所需的各种设备，且越来越好，包括环境控制设备，高性能孵化器，各种型号的笼具设备，性能接近国际先进水平的乳头式、吊塔式、自动饮水器，机械喂料系统，饲料加工机组，刮粪机械，断喙器，育雏伞等。

（5）生产经营管理由粗放型转向产、供、销一体化的经营模式，产前、产中、产后的服务得到普及，提高了参与国际竞争的实力。

（6）产品处理加工销售体系日趋完善，分割肉、烧鸡、扒鸡、烤鸭、松花蛋、液态蛋、蛋黄酱等深加工产品越来越受欢迎。

（7）环境污染控制体系逐步得到重视。国务院令第643号发布了《畜禽规模养殖污染防治条例》，养鸡生产者的环保意识加强。改良设备、采用自动饮水器，是减少污染的关键。同时，对鸡粪进行干燥化处理，然后作饲料和肥料。鸡粪的处理方法有微波干燥、太阳能温室发酵干燥。这些鸡粪处理方法既解决了粪便的污染，又增加了鸡场的经济收入，只是耗能高。利用生物制剂喂鸡或喷洒以减少氨气产生的技术正在试用，很有前途。

此外，种鸡笼养人工授精技术普及，孵化技术和雌雄鉴别技术有所提高，优质（黄羽）肉鸡生产有了很大发展。

三、现代养禽业的特点与生产水平

现代养禽业就是用现代的劳动手段和科学技术来装备，用现代的经营管理方法来组织管理，从而实现内部的专业化、社会化，合理利用种源，建立合理的生产结构，提高劳动生产效率和产量。

现代养禽业起始于20世纪40年代的笼养，50年代开始机械化，随后机械化、自动化程度越来越高，生产日趋集中，规模也越来越大，它最大的优势就是极大地提高生产水平。

（一）现代养禽业的生产特点

1. 品种杂交化、商业化 现代良种家禽广泛采用品系育种技术，先培育出具有一定特点的专门化高产品系，然后通过品系间杂交组合试验，筛选出杂种优势明显的最佳杂交组合，并以此作为定性的杂交制种模式进行繁殖，逐级配套供应种禽，最后产生杂交鸡作商品鸡用。由此可见，现代家禽品种既非传统畜牧业的"品种"，亦非育种素材的某个"品系"，而是从若干纯系（育种品系）经各级种鸡到商品杂交鸡，以杂交制种模式为纽带组成的一个种群系统，是一个商品化了的定型繁育体系。不过，在生产中人们往往习惯用"品种"这个词来称谓，故而编者认为在"品种"之前加"商业"二字，称为"商业品种"似较适宜。

2. 饲料配方科学化、全价化 根据家禽营养学与生理学等最新研究成果确定家禽对各种养分的适宜需要量，采用现代手段设计出营养平衡而价廉的饲料配方，通过先进的饲料加工设备生产出全价配合饲料供应养禽场，可以明显提高饲料转化率，节省大量饲料原料。

3. 作业机械化、自动化 现代家禽生产，从投料、供水到清粪（包括收粪、脱臭、消毒、烘干、冷却、打包）、集蛋（包括收集、计数、清洗、烘干、照检、分级、包装）等作业可实现机械化操作；禽舍的温度、湿度、通风和光照等小气候环境可实现自动化控制。这样既便于管理，又提高了劳动生产率。

4. 生产集约化、工厂化 用3~8层的鸡笼将鸡饲养在大禽舍内，按家禽的生物学特点和生产目的批量生产禽肉或禽蛋产品。

5. 经营专业化、配套化 现代化家禽生产企业基本上按集团化公司模式经营，即育种场、原种场、繁殖场（种鸡场）、孵化场、育成场、蛋鸡场、肉鸡场、饲料厂、蛋品包装加工厂、屠宰场等分别建场（厂）生产，以充分利用设备并发挥技术优势，也便于扩大生产规模。然而，为了降低成本，增强竞争实力，占领并巩固市场，获取较稳定的利润，在一个系统内的各场（厂）间必须按一定规模相互有序结合，配套经营。即按专业化形式分别建场（厂）生产，按有序结合模式配套经营（即专业化生产、配套化经营）。这是市场经济条件下应运而生的基本经营模式。

（二）现代养禽业的生产水平和产业优势

1. 产品生产率高 现代肉仔鸡饲养7周龄体重可达2.2kg，相当于出壳体重的55倍；1

只肉种鸡每年可繁殖 136 只雏鸡，可为市场提供近 300kg 重的肉仔鸡；1 只商品蛋鸡年产蛋重达 18~19kg，相当于自身体重的 9 倍以上；我国绍兴鸭年产蛋重可达 20kg，约为体重的 10 倍。

2. 饲料转化率高　肉仔鸡每增重 1kg 耗料 2kg 左右。蛋鸡每产 1kg 蛋耗料 2.2~2.5kg。如此高的饲料转化效率是其他家畜无法比拟的。

3. 劳动生产率高　鸡体矮小，蛋鸡便于笼养，肉鸡可高密度饲养，皆可大规模、集约化生产。现代化程度高者一名饲养员可管理 4 万~6 万只肉鸡，一年养 5~6 批，可出栏 25 万~30 万只，产鸡肉 500~600t；可养蛋鸡 3 万~4 万只，年产蛋重达 500~700t。

4. 科技含量高　在畜牧业中，养禽业应用先进的生理、生化、遗传、育种与动物营养等学科理论深，管理与经营的科学程度高，对环境控制及卫生防疫要求严，总体科技含量高。

5. 生产成本低　产品生产率高、饲料转化率高、劳动生产率高、科技含量高这些因素使养禽业的生产成本大大降低。

四、我国养禽业的发展趋势及存在问题

（一）我国养禽业的发展趋势

1. 品种结构的变化　从我国的家禽发展态势和市场需求情况看，未来的家禽业还是以蛋鸡养殖为主，肉鸡养殖次之，水禽养殖将有较大发展，其中蛋鸭和鹅发展较快。鹅、蛋鸭、土鸡、优质黄羽肉鸡是优势产品，有较强的竞争力和开发潜力，可因地制宜大力发展，珍禽类宜适度发展。

2. 产品结构的变化　从未来的产品市场来看，我国家禽业仍然应以满足国内消费为主，努力促进产品出口。绿色食品需求日益增加，而药物残留超标食品滞销。深加工、精加工产品的市场需求日益增加，原始产品的市场需求日益减少。

3. 产业结构的变化　实施产业化生产经营是我国家禽业发展的必然趋势，个体、分散、单一经营者将逐渐减少。养禽业将更加优化组合，向集约化经营转变，由数量型向质量型转变。

4. 生产技术的变化

（1）良种繁育体系更加完善。

（2）全价配合饲料得到全面推广。

（3）环境控制技术更加先进。加强疫病控制，严格限制使用对人体有害的添加剂。

（4）生产国际化、标准化。

（二）我国养禽业发展应注意的几个问题

1. 加强地方家禽品种的保护　地方家禽品种是劳动人民经过长期自然选择和人工选择保留下来的珍贵遗产，是培育造就优质新品种的遗传材料，是家禽业可持续发展最重要的物质基础。国内外的经验教训表明，忽视地方家禽品种保护与开发，会带来许多严重后果，如家禽品种多样性程度降低，许多有重要价值的基因可能已经丢失，种质质量和育种潜力降低。保种的方法在相当长的一段时间里仍将以活体保种为主。

2. 养禽业的发展应根据不同地区的实际情况进行　在相当长的时期内，优质地方家禽品种及其高产配套系与引进高产品种一起构筑我国未来的家禽业，片面强调某一个方面是不

科学的。

3. 推动家禽养殖规模化、标准化生产，实现食品安全 依托国家和地方产业技术体系，深入开展标准化配套技术、先进设施装备和适用标准体系等研究开发，打造畜禽标准化示范养殖场，抓好示范带动作用，帮助养殖场（户）发展标准化生产，逐步推广标准化规模养殖发展方面的有效模式；加强养殖场实用技术培训与指导服务，帮助养殖场（户）解决技术难题和粪污处理问题；加强畜禽养殖职业技能培训与鉴定，培养一批高素质的畜禽饲养员和繁殖员。

4. 优质地方家禽的深加工问题 经过多年的发展，具有特异性状的优良品种（如青腿麻鸡、三黄鸡、麻鸭、灰鹅等）市场占有率逐年提高。但到目前为止，仍以供应活禽市场为主，制约了市场的进一步开拓。

思考题

1. 简述现代养禽业的特点。
2. 简述我国养禽业在发展中存在的主要问题。
3. 查阅有关资料，讨论我国养禽业发展过程中存在的新问题及对策。

家 禽 品 种

知识目标

1. 了解家禽品种的分类方法。
2. 掌握家禽主要品种的外貌特征。

能力目标

能识别家禽生产中鸡的主要品种及其生产性能。

任务一　常见家禽品种概述

一、家禽品种的分类

16—19 世纪随着世界工业的蓬勃发展，畜牧科技水平也日益提高，加上鸡育种组织标准化工作的推动，英、美等国先后育成了鸡的标准品种。随着现代养鸡业的发展，标准品种的重要性日渐降低，真正用于生产上的仅涉及几个标准品种。因为现代养鸡生产要求鸡种高产、稳产、性能整齐一致、饲料转化率高等，这就必须采用现代育种方法，培育现代商品杂交鸡。在原有标准品种的基础上，培育专门化品系，然后进行二元、三元或四元杂交配套，最后筛选出优秀的配套品系来生产商品杂交鸡。

（一）标准品种分类法

20 世纪 50 年代前，采用国际惯用的方法，以国际公认的标准进行鉴定，主要是依据 19 世纪中叶后"大不列颠家禽业协会"和"美洲家禽协会"制定的标准，将鸡分为类（按原产地区）、型（根据用途）、品种（根据育种特点）和品变种。

1. 类　是按家禽原产地分为亚洲类、美洲类、地中海类、欧洲类等。

2. 型　是按家禽的经济用途分为蛋用型、肉用型、兼用型和观赏型。

3. 品种　是指通过育种而形成的具有一定数量、有共同来源、有相似的外貌特征、有近似的生产性能且遗传性稳定的一个种群。

4. 品变种　是按品种内羽毛颜色、羽毛斑纹或冠形而分的，如单冠白来航鸡、玫瑰冠白来航鸡等。

类————→型——————————→品种————————————→品变种

（原产地）（用途）　　（外貌特征与生产性能一致的群体）　（羽色、冠形）

例如：地中海类 蛋用型　　　　来航鸡　　　　　　　　　单冠　白羽

（二）现代鸡种分类法

随着育种工作的进展和品种的变化，又出现了现代鸡种。现代鸡种已脱离了原来的标准品种的名称，而用育种公司的专有商标。如京白鸡（北京市种禽公司）、星杂 288（加拿大雪佛公司）和罗曼白鸡（德国罗曼公司），实际上均由单冠白来航鸡选育而来。有的育种公司被兼并后，原有鸡种可能易名，但实质是相同的。

现代鸡种都是配套品系，又称为杂交商品系。现代鸡种在培育过程中，采用先进的育种方法，充分利用杂种优势，其生产性能高而整齐一致，适于大规模工厂化饲养。

由于育种的商业化，为适应近代养禽业的发展，按经济性能将现代鸡种分为蛋鸡系和肉鸡系。蛋鸡系又根据蛋壳颜色分为白壳蛋系、褐壳蛋系和浅褐壳（或粉壳）蛋系 3 种类型。肉鸡系又根据生长速度和肉质味道分为白羽快大型肉鸡和黄羽优质肉鸡。

1. 蛋鸡系 专门用于生产商品蛋的配套品系，按所产蛋壳的颜色分为白壳蛋系、褐壳蛋系和浅褐壳（或粉壳）蛋系。

（1）白壳蛋系。主要是以单冠白来航鸡为育种素材培育的配套品系，产白壳蛋，故称白壳蛋鸡。由于体型较小，又称轻型蛋鸡。

（2）褐壳蛋系。是以原兼用型品种（如新汉夏鸡、洛岛红鸡、芦花鸡等）为育种素材培育的配套品系，产褐壳蛋，故称褐壳蛋鸡。由于体型比来航鸡大，比肉用鸡小，所以又称中型蛋鸡。初生雏通过绒毛颜色可以辨别雌雄。如法国伊萨公司育成的伊萨褐、美国海兰国际公司育成的海兰褐等。

（3）浅褐壳（或粉壳）蛋系。是由洛岛红与白来航品种的品系间正交或反交所培育的杂种鸡。蛋壳颜色介于白壳蛋与褐壳蛋之间，呈浅褐色，国内群众称其为粉壳蛋鸡。如北京市种禽公司选育成功的京白 939、北京农业大学选育成功的农昌 2 号、中国农业科学院畜牧研究所选育成功的 B-4 鸡等。

2. 肉鸡系 专门用于生产肉用仔鸡的配套品系，要求种鸡生长快、体重大、产蛋较多。由于鸡的产蛋量与生长速度和成年体重呈负相关，产蛋量多的体重较轻，生长快的产蛋较少，两者很难在一个品种或品系内达到"双全"。因此，生产肉用仔鸡需要培育 2 个以上品系，即专门化的父系和专门化的母系，进行配套杂交。

（1）父系。生产肉用仔鸡的父系，要突出产肉性能，产蛋性能可较差。一般都是从原肉用品种中培育，最常用的是白考尼什鸡，有的育种公司将白考尼什鸡育成 2 个品系，一个系突出产肉性能，另一个系则突出繁殖性能，两系杂交后，再作为配套父系使用。

（2）母系。生产肉用仔鸡的母系，要突出产蛋性能，产肉性能可稍差。目前多用白洛克鸡。白洛克鸡也已培育成显性白羽，而且具有产蛋量较多、孵化率较高、雏鸡体型大和增重快等特点。

二、鸡的主要品种

（一）标准品种

标准品种是指经有目的、有计划的系统选育，按育种组织制定的标准鉴定承认的，并列入标准品种志的品种。标准品种强调血缘和外形特征的一致性，对体重、冠形、肤色、胫色、蛋壳色泽等都有要求。列为世界标准品种和品变种的鸡种有 200 多个，而有重要经济价值的不过十几种，我国被承认为标准品种的鸡种有：狼山鸡、九斤鸡、丝毛乌骨鸡。与育成现代鸡种有关的品种主要有以下几种：

1. 来航鸡　来航鸡是蛋用鸡唯一的高产品种，分为 16 个品变种，以单冠白来航分布最广，生产性能最高，原产于意大利，现分布于世界各地。其特点是：体小清秀、羽毛紧密、洁白；单冠，冠大鲜红，公鸡的直立，母鸡的侧倒；喙、胫、肤为黄色，耳叶为白色。性成熟早、产蛋量高而饲料消耗少，140 日龄开产，72 周龄产蛋量达 220 个以上，高者可达 300 个，蛋重 56g，壳白。成年公鸡体重 2.5kg，成年母鸡 1.75kg。活泼好动，易受惊吓，无就巢性，适应力强。

2. 白洛克鸡　原产于美国，按羽色分为 7 个品变种，以芦花和白羽最普遍。单冠，耳垂为红色，喙、胫、肤为黄色，体大丰满。早期生长快，胸腿肌肉发达，羽色洁白，屠体美观，并保留一定的产蛋水平。成年公鸡体重 4～4.5kg，成年母鸡 3～3.5kg。年产蛋量 150～160 个，高的可达 200 个以上，平均蛋重 60g，浅褐壳。白洛克鸡经改良后早期生长快，胸、腿肌肉发达，作肉用仔鸡配套母系与白科尼什公鸡杂交，其后代生长快，胸宽体圆，屠体美观，肉质优良，饲料转化率高，成为著名的肉鸡母系。

3. 洛岛红鸡　原产于美国洛岛洲，属兼用型品种，有单冠和玫瑰冠 2 个品变种，我国引入单冠洛岛红。羽色深红，尾羽为黑色，体躯近长方形，喙、胫、肤为黄色，冠、耳叶、肉垂、脸部为鲜红色，背宽平。产蛋和产肉性能均好，近年来加强了产蛋性能的选择。平均 180 日龄性成熟，年产蛋量 160～170 个，高的可达 200 个以上，蛋重 60～65g，褐壳。

4. 白科尼什鸡　原产于美国，豆冠，羽毛短而紧密，呈白色，肩胸很宽，早期生长快，胸腿肌肉发达，胫粗壮。体型大，成年公鸡平均体重 4.6kg，成年母鸡 3.6kg。肉用性能良好，但产蛋量少，年平均 120 个，平均蛋重 56g，浅褐壳。近年来，因引进白来航显性白羽基因，育成为肉鸡显性白羽父系，已不完全为豆冠。显性白羽父系与有色羽母鸡杂交，后代均为白色或近似白色。目前主要用其与母系白洛克品系配套生产肉用仔鸡。

5. 新汉夏鸡　原产于美国新汉夏州，为提高产蛋量，早熟性和蛋重等由洛岛红改良而成，经 20 多年选育成功。此品种羽毛颜色比洛岛红鸡淡，羽面带有黑点。1946 年引入我国，适应性好，改良过我国的扬州鸡和固始鸡，到 1983 年分别育成兼用型的新扬州鸡和郑州红鸡。

6. 丝毛乌骨鸡　原产于我国江西、广东、福建等地，具有很高的药用价值和观赏价值。该鸡体型轻小，外貌特别，头小、颈短，遍体羽毛白色呈丝状，俗称有十全，即紫冠、缨头、绿耳、胡须、五爪、毛脚、丝毛、乌骨、乌肉、乌皮。其生产性能不高，成年公鸡体重 1.25～1.5kg，成年母鸡重 1.0～1.25kg，年产蛋 80 个左右，蛋重 40～42g，蛋壳淡褐色，就巢性强。

7. 狼山鸡　原产于我国江苏如东县和南通市石港一带。19 世纪输入英国、美国等国家，1883 年在美国被承认为标准品种。有黑色和白色 2 个品变种。体型大，外貌特点是颈部挺立，尾羽高耸，背呈 U 形。胸部发达，体高腿长，威武雄壮，头大小适中，眼为黑褐色。单冠直立，中等大小。冠、肉垂、耳叶和脸均为红色。皮肤为白色，喙和跖为黑色，跖外侧有羽毛。狼山鸡的优点为适应性强，抗病力强，胸部肌肉发达，肉质好。

8. 横斑洛克鸡 也称为芦花鸡，属于兼用型。育成于美国，在选育过程中，曾引入我国九斤鸡血液。体型浑圆，体格大，生长快，产蛋多，肉质好，易育肥。全身羽毛呈黑白相间的横斑，此特征受一伴性显性基因控制，可以在纯繁和杂交时实现雏鸡自别雌雄。羽毛末端应为黑边，斑纹清晰一致，不应模糊或呈"人"字形。单冠，耳叶红色，喙、跖和皮肤均为黄色。

9. 艾维茵鸡 是美国艾维茵国际家禽公司育成的优秀四系配套肉鸡。该鸡种在国内肉鸡市场上占有 40％以上的比例，为我国肉鸡生产的发展做出了很大贡献。肉仔鸡生长速度快，饲料转化率高，适应性也强。父母代种鸡生产性能：产蛋率 50％的入舍母鸡成活率 95％，175～182 日龄产蛋率达 50％。高峰产蛋周龄 32～33 周，高峰产蛋率 85％，平均产蛋率 56％。高峰孵化率 90％，平均孵化率 85.6％。入舍母鸡产蛋数 183～190 个，入舍母鸡产种蛋数 173～180 个。出雏数 149～154 只。67 周龄母鸡体重 3.58～3.74kg，产蛋期死亡率 7％～10％。

10. 爱拔益加鸡 是美国爱拔益加公司培育的四系配套肉鸡。我国引入祖代种鸡已经多年，饲养量较大，效果也较好。其父母代种鸡产量高，并可利用快慢羽自别雌雄，商品仔鸡生长快，适应性强。父母代种鸡生产性能：入舍母鸡平均产蛋率 64％，产蛋期平均成活率 92％。25 周龄平均产蛋率达 50％。入舍母鸡平均产蛋数 170 个，平均出雏数 146 只。商品代生产性能：6 周龄平均体重 1.59kg，饲料转化率 1.76。7 周龄平均体重 1.99kg，饲料转化率 1.92。8 周龄平均体重 2.41kg，饲料转化率 2.07。9 周龄平均体重 2.84kg，饲料转化率 2.21。

（二）地方品种

地方品种是具有一定特点、生产性能比较高、遗传性稳定、数量大、分布广的群体。我国土地辽阔，家禽品种资源非常丰富，列入《中国家禽品种志》的家禽地方品种 52 个，其中鸡 27 个，鸭 12 个，鹅 13 个。在我国养禽业现代化进程中，从国外引入的大量鸡种，将对我国鸡的品种组成和质量产生很大影响。现有生产性能较低的地方鸡种，有被取代的趋势。但应看到，多种多样的地方鸡种所具有的如此丰富的遗传基础，是鸡育种的宝贵素材，也是当前世界各国家禽科学工作者十分关心的巨大基因库。了解地方鸡种有助于促进地方品种资源的保存和利用。我国部分著名的地方品种有：

1. 仙居鸡 原产于浙江省台州市，重点产区是仙居县，分布很广。体型较小，结实紧凑，体态匀称秀丽，动作灵敏，活泼，易受惊吓，属神经质型。头部较小，单冠，颈细长，背平直，两翼紧贴，尾部翘起，骨骼纤细；其外形和体态颇似来航鸡。羽毛紧密，羽毛有白羽、黄羽、黑羽、花羽及栗羽之分。跖多为黄色，也有肉色及青色。成年公鸡体重1.25～1.5kg，成年母鸡 0.75～1.25kg，产蛋量目前变化较大。

2. 大骨鸡 又名庄河鸡，属蛋肉兼用型。原产于辽宁省庄河市，分布在辽东半岛，地处北纬 40°以南的地区。单冠且直立，体格硕大，腿高粗壮，结实有力，故名大骨鸡。体高颈粗，胸深背宽，腹部丰满，墩实有力。公鸡颈羽、鞍羽为浅红色或深红色，胸羽黄色，扇羽红色，主尾羽和镰羽黑色有翠绿色光泽，喙、跖、趾多数为黄色。母鸡羽毛丰厚，胸腹部羽毛为浅黄或深黄色，背部为黄褐色，尾羽为黑色。成年公鸡平均体重 3.2kg 以上，成年母鸡 2.3kg 以上。年平均产蛋量 146 个，平均蛋重 63g 以上。

3. 寿光鸡 原产于山东省寿光市，历史悠久，分布较广。头大小适中，单冠，冠、肉垂、耳叶和脸均为红色，眼大灵活，喙、跖、爪均为黑色，皮肤为白色，全身黑羽，并带有金属光泽，尾有长短之分。寿光鸡分为大、中 2 种类型。大型公鸡平均体重为 3.8kg，母鸡为 3.1kg。产蛋量 90～100 个，蛋重 70～75g。中型公鸡平均体重为 3.6kg，母鸡为 2.5kg。产蛋量 120～150 个，蛋重 60～65g。寿光鸡蛋大、蛋壳厚，为深褐色。经选育的母鸡就巢性不强。

4. 北京油鸡 原产于北京市郊区，历史悠久。具有冠羽、跖羽，有些个体有趾羽。不少个体颌下或颊部有胡须。这三羽（凤头、毛腿、胡子嘴）为北京油鸡的外貌特征。体躯中等大小，羽色分赤褐色和黄色两类。初生雏绒羽土黄色或淡黄色，冠羽、跖羽、胡须可以明显看出。成年鸡羽毛厚密蓬松，公鸡羽毛鲜艳光亮，头部高昂，尾羽多呈黑色。母鸡的头尾微翘，跖部略短，体态敦实。尾羽与主副翼羽常夹有黑色或半黄半黑羽色。生长缓慢，性成熟期晚，母鸡 7 月龄开产，年平均产蛋量 110 个。成年公鸡体重 2.0～2.5kg，成年母鸡 1.5～2.0kg。屠体肉质丰满，肉味鲜美。

5. 惠阳鸡 主要产于广东博罗、惠阳、惠东等地。惠阳鸡属肉用型，其特点可概括为黄毛、黄嘴、黄脚、有胡须、短身、矮脚、易肥、软骨、白皮及玉肉（又称玻璃肉）等 10 项。主尾羽颜色有黄、棕红和黑色，以黑色居多。主翼羽大多为黄色，有些主翼羽内侧呈黑色。腹羽及胡须颜色均比背羽颜色稍淡。头中等大，单冠直立，肉垂较小或仅有残迹，胸深、胸肌饱满。背短，后躯发达，呈楔形，尤以矮脚者为甚。惠阳鸡育肥性能良好，沉积脂肪能力强。成年公鸡活重 1.5～2.0kg，母鸡 1.25～1.5kg。年产蛋量 70～90 个，平均蛋重 47g，蛋壳有浅褐色和深褐色 2 种。

6. 静原鸡 又名静宁鸡、固原鸡。主要产于甘肃静宁县及宁夏固原市，属蛋肉兼用型鸡种。体格中等，公鸡头颈昂举，尾羽高耸，胸部发达，背部宽长，胫粗壮；母鸡头小清秀，背宽胸圆。成年公鸡羽色主要有红色和黑（红）色。成年母鸡羽色较杂，有黄色、黑色、白色、麻色等，以黄色和麻色最多。冠形多为玫瑰冠，少数为单冠。喙多呈灰色。虹彩以橘黄色为主。胫为灰色，少数个体有胫羽。皮肤为白色。成年鸡体重，公鸡 1 888～2 250g，母鸡 1 630～1 670g。开产日龄 240～270 日龄，年产蛋 117～124 个，平均蛋重 57g。蛋壳为褐色。

三、鸭的品种

载入《中国家禽品种志》有代表性的鸭品种有 12 个，不仅数量众多，而且品质优良。按经济用途可分为肉用型、蛋用型和兼用型 3 个类型。肉用型品种北京鸭是驰名世界的优秀品种，除在北京地区集中饲养外，现已在全国许多大中城市饲养；瘤头鸭（俗称番鸭）是我国东南沿海各地饲养较多的肉用型品种，其中以福建和台湾最多。蛋用型和兼用型多为麻鸭，以长江中下游、珠江流域和淮河中下游地区最为集中，蛋用型鸭以产于浙江的绍兴鸭和福建的金定鸭为主，以产蛋量高而著称；兼用型以江苏的高邮鸭分布较广，四川、云南和贵州省养殖当地兼用型麻鸭品种，以稻田放牧补饲饲养肉用仔鸭。

1. 北京鸭 是现代肉鸭生产的主要品种。原产于我国北京市郊区，现分布于全国各地和世界各国。具有生长快、繁殖率高、适应性强和肉质好等优点，尤其适合加工烤鸭。体型硕大丰满，挺拔美观。头大颈粗，体躯长方形，前躯昂起与地面约呈 30°角，背宽平，胸丰满，胸骨长而直。翅较小，尾短而上翘。母鸭腹部丰满，腿粗短，蹼宽厚。羽毛丰满，羽色纯白而带有奶油色光泽。喙、胫、蹼为橘黄色或橘红色。虹彩为灰蓝色。开产日龄为 150～

180 日龄。母本品系年平均产蛋可达 240 个，经强制换羽后，第 2 个产蛋期可产蛋 100 个以上。平均蛋重 90g 左右，蛋壳白色。父本品系的公鸭体重 4.0～4.5kg，母鸭 3.5～4.0kg；母本品系的公、母鸭体重稍轻一些。

2. 樱桃谷鸭　樱桃谷鸭由英国樱桃谷公司引进北京鸭和埃里斯伯里鸭为亲本，经杂交育成。羽毛洁白，头大、额宽、鼻背较高，喙橙黄色，颈平而粗短。翅膀强健，紧贴躯干。背宽而长，从肩到尾部稍倾斜，胸部较宽深。肌肉发达，脚粗短，胫、蹼均为橘红色。体型外貌酷似北京鸭，属大型肉鸭。种鸭性成熟期平均为 182 日龄，父母代母鸭年平均产蛋量 210～220 个，蛋重约 75g。父母代群母鸭年提供初生雏平均 168 只。父母代成年公鸭体重 4.0～4.5kg，母鸭 3.5～4.0kg，开产体重平均 3.1kg。

3. 绍兴鸭　简称绍鸭，又称绍兴麻鸭、浙江麻鸭、山种鸭，是我国优良的高产蛋鸭品种。浙江省、上海市郊区及江苏的太湖地区为主要产区。绍兴鸭根据毛色可分为带圈白翼梢鸭和红毛绿翼梢鸭 2 个类型。带圈白翼梢鸭公鸭全身羽毛深褐色，头和颈上部羽毛墨绿色，有光泽。母鸭全身以浅褐色麻雀羽为基色。颈中间有 2～4cm 宽的白色羽圈。主翼羽为白色，腹部中下部羽毛白色。虹彩灰蓝色。喙豆黑色。胫、蹼橘红色。爪白色。皮肤黄色。红毛绿翼梢鸭公鸭全身羽毛以深褐色为主。头至颈部羽毛均呈墨绿色，有光泽。镜羽也呈墨绿色，尾部性羽为墨绿色，喙、胫、蹼均为橘红色。母鸭全身以深褐色为主。颈部无白圈，颈上部为褐色，无麻点。镜羽为墨绿色，有光泽。腹部褐麻，无白色。虹彩为褐色。喙为灰黄色或豆黑色。蹼为橘黄色。爪为黑色。皮肤为黄色。红毛绿翼梢母鸭年产蛋量为 260～300 个，300 日龄蛋重平均 70g；带圈白翼梢鸭母鸭年产蛋量 250～290 个，蛋壳为玉白色，少数为白色或青绿色；体型小，成年平均体重 1.50kg。红毛绿翼梢鸭公鸭成年平均体重 1.3kg，母鸭 1.25kg；带圈白翼梢鸭公鸭成年平均体重 1.40kg，母鸭 1.30kg。母鸭开产日龄为 100～120 日龄，公鸭性成熟日龄平均 110 日龄。

4. 荆江麻鸭　是我国长江中游地区广泛分布的蛋用型鸭种，因产于西起江陵东至监利的荆江两岸而得名。其中心产区为江陵、监利和沔阳县。荆江麻鸭头清秀、颈细长、肩较狭、背平直、体躯稍长而向上抬起。喙石青色，胫、蹼橙黄色。全身羽毛紧密，眼上方长眉状白毛。公鸭头、颈部羽毛有翠绿色光泽，前胸、背腰部羽毛为褐色，尾部为淡灰色；母鸭头颈部羽毛多为泥黄色，背腰部羽毛以泥黄色为底色上缀黑色条斑或以浅褐色为底色上缀黑色条斑，群体中以浅麻色者居多。年平均产蛋量 214 个，年平均产蛋率 58%，最高产蛋率达 90% 左右，白壳蛋平均蛋重 63.5g，青壳蛋平均蛋重 60.6g。成年公鸭平均体重 1.70kg，成年母鸭 1.50kg。母鸭开产日龄平均 120 日龄。

5. 江南Ⅰ号和江南Ⅱ号　江南Ⅰ号和江南Ⅱ号是由浙江省农业科学院畜牧兽医研究所主持培育的配套杂交高产商品蛋鸭，适合我国农村的圈养条件。江南Ⅰ号母鸭羽色浅褐，斑点不明显。江南Ⅱ号母鸭羽色深褐，黑色斑点大而明显。江南Ⅰ号鸭 500 日龄产蛋数平均为 306.9 个，产蛋总重平均为 21.08kg。300 日龄平均蛋重 72g。江南Ⅱ号鸭 500 日龄产蛋数平均为 328 个，产蛋总重平均为 22kg。300 日龄平均蛋重 70g。江南Ⅰ号和江南Ⅱ号鸭成熟时平均体重 1.66kg。

6. 瘤头鸭　学名麝香鸭。原产于南美洲。我国称番鸭或洋鸭。瘤头鸭与家鸭的体型外貌有明显区别。体型前后窄，中间宽，呈纺锤状，站立时体躯与地面呈水平状。喙短而窄，喙基部和头部两侧有红色或黑色皮瘤，不生长羽毛，故称瘤头鸭。头大，颈粗、稍短，头顶部有一排纵向长羽，受刺激时竖起呈刷状。胸宽而平，腿短而粗壮（脚爪硬而尖），胸腿肌肉很发达。翅膀发达长达尾部，能做短距离飞翔。腹部不如家鸭发达，尾狭长。我国瘤头鸭的羽色主要有黑白2种。此外，有少量黑白夹杂的花羽。黑色鸭羽毛带有墨绿色光泽，喙呈红色有黑斑，皮瘤呈黑红色，胫、蹼呈黑色，虹彩呈浅黄色。白色鸭喙呈粉红色，皮瘤呈鲜红色，胫、蹼呈橘黄色，虹彩呈浅灰色。花羽鸭喙呈红色带有黑斑，皮瘤呈红色，胫、蹼呈黑色。

四、鹅的品种

中国鹅除伊犁鹅在新疆外，其余主要分布于东部农业发达地区，长江、珠海、淮河中下游和华东、华南沿海地区较发达。按体型大小分为大、中、小型3种。大型鹅品种主要有狮头鹅（广东），是世界大型鹅种之一；中型鹅品种主要有皖西白鹅（安徽、河南）、溆浦鹅（湖南）、雁鹅（安徽）、浙东白鹅（浙江）、四川白鹅（四川）；小型鹅品种主要有太湖鹅（江苏、浙江）、五龙鹅（豁眼鹅，山东莱阳）。其中，四川白鹅、五龙鹅的繁殖力可谓世界之最，被称为"鹅中来航"，年产蛋量可达60～80个，分布于全国各地。

1. 狮头鹅 是我国唯一的大型鹅种，因前额和颊侧肉瘤发达呈狮头状而得名。狮头鹅原产于广东饶平县溪楼村。体型硕大，体躯呈方形。头部前额肉瘤发达，覆盖于喙上，颌下有发达的咽袋一直延伸到颈部，呈三角形。喙短，质坚实，呈黑色，眼皮凸出，多呈黄色，虹彩呈褐色，胫粗，蹼宽为橙红色，有黑斑，皮肤呈米色或乳白色，体内侧有皮肤皱褶。背面羽毛、前胸羽毛及翼羽为棕褐色，由头颈至颈部的背面形成如鬃状的深褐色羽毛带，腹部的羽毛呈白色或灰色。母鹅就巢性强，开产日龄为160～180日龄，一般控制在220～250日龄。产蛋季节通常在当年9月至翌年4月，这一时期一般分3～4个产蛋期，每期可产蛋6～10个。第1个产蛋年产蛋24个，平均蛋重176g，蛋壳为乳白色。种公鹅配种一般都在200日龄以上，2岁以上的母鹅，年平均产蛋28枚，平均蛋重217.2g。成年公鹅平均体重8.85kg，成年母鹅7.86kg。70～90日龄上市未经育肥的仔鹅，公鹅平均体重6.18kg，母鹅5.51kg。狮头鹅平均肝重600g，最大肥肝可达1.4kg，肥肝占屠体重量的13%左右，肝料比为1：40。

2. 皖西白鹅 中心产区位于安徽省西部丘陵山区和河南省固始一带，主要分布于皖西的霍邱、寿县、六安等地。体型中等，体态高昂，气质英武，颈长呈弓形，胸深广，背宽平。全身羽毛洁白，头顶肉瘤呈橘黄色，圆而光滑无皱褶，喙呈橘黄色，喙端色较淡，虹彩呈灰蓝色，胫、蹼均为橘红色，爪呈白色，约6%的鹅颌下带有咽袋。少数个体头颈后部有球形羽束，即顶心毛。公鹅肉瘤大而凸出，颈粗长有力，母鹅颈较细短，腹部轻微下垂。皖西白鹅的类型有：有咽袋腹皱褶多、有咽袋腹皱褶少、无咽袋有腹皱褶、无咽袋无腹皱褶等。母鹅开产日龄一般为6月龄，产蛋多集中在1月及4月。皖西白鹅繁殖季节性强，时间集中。一般母鹅年产两期蛋，年平均产蛋25个，3%～4%的母鹅可连续产蛋30～50个，被称为"常蛋鹅"。平均蛋重142g，蛋壳呈白色。母鹅就巢性强。成年公鹅平均体重6.12kg，成年母鹅5.56kg。皖西白鹅羽绒质量好，以绒毛的绒朵大而著称。

3. 浙东白鹅 中心产区位于浙江省东部的丰化、象化、定海等州区，分布于鄞州区、绍兴、余姚等地。体型中等，体躯呈长方形，全身羽毛洁白，约有15%的个体在头部和背侧夹杂少量斑点状灰褐色羽毛。额上方肉瘤高凸，呈半球形。随年龄增长，突起变得更加明显。无咽袋、颈细长。喙、胫、蹼幼年时呈橘黄色，成年后变橘红色，肉瘤颜色较喙色略浅。眼睑呈金黄色，虹彩呈灰蓝色。成年公鹅体型高大雄伟，肉瘤高凸，鸣声洪亮；成年母鹅腹宽而下垂，肉瘤较低，鸣声低沉，性情温驯。母鹅开产日龄一般在 150 日龄。一般每年有 4 个产蛋期，每期产蛋 8～13 个。平均蛋重 149g。蛋壳为白色。

4. 四川白鹅 中心产区位于四川省温江、乐山等地，分布于平坝和丘陵水稻产区。体型稍细长，头中等大小，躯干呈圆筒形，全身羽毛洁白，喙、胫、蹼均为橘红色，虹彩呈蓝灰色。公鹅体型稍大，头颈较粗，额部有一呈半圆形的橘红色肉瘤；母鹅头清秀，颈细长，肉瘤不明显。母鹅开产日龄为 200～240 日龄，年产蛋 60～80 个，蛋壳为白色，平均蛋重 146g。

任务二　家禽的外貌特征

一、一般特征

鸟类具有适于飞翔的身体构造，经过人类驯养，大多数家禽不再具有飞翔的能力，但鸟类的主要特征仍保留。家禽的一般特征主要是：全身被羽毛覆盖，头小，无牙齿，骨骼大量愈合，有气室，前肢演化为翼，胸肌与后肢肌肉非常发达，有嗉囊和肌胃，无膀胱，母禽仅左侧卵巢和输卵管发育，产卵而无乳腺，具有泄殖腔，公禽睾丸位于体腔内，横膈膜只剩痕迹，靠肋骨与胸骨的运动进行呼吸，眼大，中脑视叶与小脑很发达等。

（一）鸡的外貌特征

1. 头部 头部的形态及发育程度与品种、性别、生产力高低及体质等情况有关。

（1）鸡冠。冠为皮肤的衍生物，在头的上部，富有血管。冠的发育受雄性激素控制，公鸡比母鸡发达。去势公鸡与休产母鸡的鸡冠萎缩。为了防止冻伤或者作为标志，初生雏可以剪冠。鸡冠按其形状分主要有 4 种类型（图 1-1）。

①单冠。由喙的基部至头顶的后部，成为单片的皮肤衍生物。单冠由冠基、冠体和冠峰3 部分构成，冠峰的数目因品种不同而异。

| 单冠 | 玫瑰冠 | 豆冠 | 草莓冠 |

图 1-1　常见的几种冠形

②豆冠。由三叶小的单冠组成，中间一叶较高，又称三叶冠，有明显的冠齿。

③玫瑰冠。整个冠前宽后尖，前宽部分表面有很多突起，形似玫瑰花，后尖部分无突起，称冠尾。

④草莓冠。与玫瑰冠相似，但无冠尾，冠体较小，形似草莓。

（2）肉髯。又称肉垂，生于下颌部，左右对称。

（3）喙。表皮衍生的角质化产物，似圆锥状。喙的颜色与爪的颜色一致，以黄白、黑、浅棕色居多。

（4）鼻孔。位于喙的基部，左右对称。

（5）眼。位于脸中央，虹彩的颜色因品种不同而异。常见的主要有淡青色、橙黄色和黑色等。

（6）脸。即眼的周围裸露部分，皮薄、毛少而无皱褶。

（7）耳孔。位于眼的后下方，周围有卷毛覆盖。

（8）耳叶。在耳孔的下方，呈椭圆形而无毛。常见有红色和白色2种。

2. 颈部 蛋用型鸡的颈部细长，而肉用型鸡的颈部粗短。公鸡颈部羽毛细长，末端尖且有光泽；母鸡颈部羽毛短，末端钝圆而缺乏光泽。

3. 体躯 体躯由胸、腹、背腰3部分构成（图1-2）。

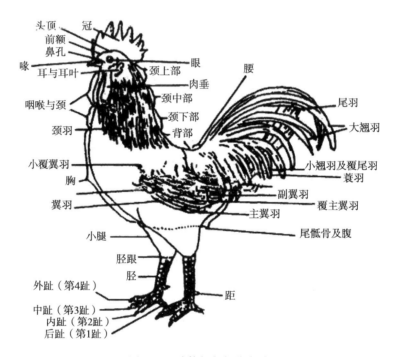

图1-2 鸡体躯各部位名称

（1）胸部。是心脏和肺所在的部位。

（2）腹部。为消化器官和生殖器官所在的部位。

（3）背腰部。蛋用型品种背腰较长，肉用型品种背腰较短。

4. 尾部 肉用型鸡尾较短，蛋用型鸡尾较长。尾部的羽毛可分为主尾羽和覆尾羽。主尾羽长在尾端，硬而长，共12根；覆盖在主尾羽上的羽毛称覆尾羽。公鸡紧靠主尾羽的覆尾羽特别发达，最长的一对称大翘羽，较长的3～4对称小镰羽。

5. 翅 翅上的主要羽毛名称为：翼前羽、翼肩羽、主翼羽、副翼羽、轴羽、覆主翼羽和覆副翼羽。主翼羽10根，副翼羽一般12～14根，主翼羽与副翼羽间的一根羽毛称轴羽。

6. 腿部 蛋用品种鸡腿较细长，肉用品种腿较短粗。腿部由股、胫、飞节、跖、趾和爪等部分构成。跖、趾和爪称为脚。鸡趾一般为4个，少数品种为5个（如丝毛鸡）。公鸡在跖内侧生有距，距随年龄的增长而增长，故可根据距的长短来鉴别公鸡的年龄。

（二）鸭的外貌特征

鸭为水禽，在外貌上与鸡有较大的差别。

1. 头部　鸭头部无冠、肉髯和耳叶。喙长宽而扁平（俗称扁嘴），喙的内侧有锯齿，利于觅食和排水过滤食物。上喙尖端有一坚硬的豆状突起，称为喙豆。

2. 颈部　鸭无嗉囊，食道成袋状，称食道膨大部。肉用型鸭颈粗，蛋用型鸭颈细。

3. 体躯　蛋鸭体型较小，体躯较细长，颈长而细，后躯发达；肉鸭体躯深而下垂，背长而直，似船形，肌肉发达。公鸭体型较大，背阔肩宽，胸深，身体呈长方形。母鸭体型比公鸭小，身长，颈部细，羽毛紧密，胸宽深，臀部近似方形。

4. 尾部　尾短，尾羽不发达，成年公鸭的覆尾羽有 2～4 根向上卷曲，特称雄性羽，据此可鉴别公母。尾脂腺发达，可分泌油脂。

5. 翅　覆翼羽较长，有些品种在覆翼羽有较光亮的青绿色羽毛，称为镜羽。

6. 腿部　腿短，稍偏后躯，脚除第 1 趾外，其余趾间有蹼。

（三）鹅的外貌特征

鹅是体重较大的水禽之一，在外貌上与鸭有区别。

1. 头部　多数品种在头部前额长有肉瘤，母的较小，公的较大；喙形扁阔，较鸭喙稍短，喙前端略弯曲，呈铲状，质地坚硬；有些在咽喉部位长有咽袋。狮头鹅的头顶上有肉瘤向前倾，两颊各有显著凸出的肉瘤，如公狮头鹅的头冠。

2. 颈部　鹅颈比鸭颈长，其长度因品种不同而不同。中国鹅颈细长，弯长如弓，能挺伸，颈背微曲。国外其他鹅品种，颈较粗短。

3. 腹部　成年母鹅腹部皮肤有较大的皱褶，形成肉袋，俗称蛋袋。

4. 翅　翅羽较长，常重叠交叉于背上。鹅的副翼羽上无镜羽。

5. 腿部　鹅腿粗，跖骨较短。脚的颜色有橘红色和灰黑色 2 种。

思考题

1. 简述家禽品种分类的方法及依据。

2. 调查当地饲养的家禽品种、数量及经济效益情况。

3. 试述禽标准品种主要的外貌特征及生产性能。

家禽的解剖生理

知识目标

1. 了解家禽的生理特点。
2. 了解家禽的解剖特点。
3. 掌握家禽消化系统、呼吸系统、淋巴系统、生殖系统的解剖生理特点。

能力目标

1. 能正确认识家禽消化系统的组成及消化系统各部结构、特征。
2. 能根据家禽解剖生理特点，正确饲养家禽，认识家禽疾病。

家禽属于鸟纲动物，在血液、循环、呼吸、消化、体温、泌尿、神经、内分泌、淋巴和生殖等方面有独特的解剖生理特点，与哺乳动物之间存在着较大的差异。了解家禽的解剖生理特点，对正确饲养家禽、认识家禽疾病、分析家禽致病原因，以及提出合理的治疗方案和有效预防措施都有重要意义。

一、家禽的生理特点

(一) 新陈代谢旺盛

家禽生长迅速，繁殖能力高，新陈代谢旺盛。表现为：

1. 体温高　家禽的体温比家畜高，一般在 40～44℃。

2. 心率高、血液循环快　家禽的心率一般为 160～470 次/min，鸡平均心率为 300 次/min 以上。而家畜中马仅为 32～42 次/min，牛、羊、猪为 60～80 次/min。同类家禽中一般体型小的比体型大的心率高，幼禽的心率比成年禽的高，随年龄的增长而有所下降。鸡的心率还有性别差异，母鸡和去势鸡的心率较公鸡高。心率除因品种、性别、年龄的不同而有差别外，还受环境因素的影响，如环境温度增高、惊扰、噪声等都将使鸡的心率增高。

3. 呼吸频率快　家禽呼吸频率随品种和性别的不同，介于 22～110 次/min。同一品种，母禽较公禽高。此外，随环境温度、湿度以及环境安静程度不同而有较大差异。家禽对氧气不足很敏感，其单位体重耗氧量为家畜的 2 倍。

（二）体温调节机能不完善

家禽与其他恒温动物一样，依靠产热、隔热和散热来调节体温。产热除直接利用消化道吸收的葡萄糖外，还利用体内储备的糖原、体脂肪或在一定条件下利用蛋白质通过代谢过程产生热量，供机体生命活动及调节体温需要。隔热主要靠皮下脂肪、覆盖贴身的绒羽和紧密的表层羽片，可以维持比外界环境温度高的体温。散热也与其他动物一样，依靠传导、对流、辐射和蒸发。但由于家禽皮肤没有汗腺，又有羽毛紧密覆盖而构成非常有效的保温层，因而当环境温度上升到 26.6℃时，辐射、传导、对流的散热方式受到限制，而必须靠呼吸排出水蒸气来散发热量以调节体温。随着气温的升高，呼吸散热更为明显。例如，鸡在 5～30℃时，体温调节机能健全，体温基本上能保持不变。若环境温度低于 7.8℃，或高于 30℃时，影响鸡的体温调节机能，尤其对高温的反应比低温反应更明显。当鸡的体温升高到 42～42.5℃时，则出现张嘴喘气、翅膀下垂、咽喉颤动。这种情况若不能纠正，就会影响生长发育，当鸡的体温升高到 45℃时，就会昏厥死亡。

（三）繁殖潜力大

母禽虽然仅左侧卵巢与输卵管发育，且机能正常，但繁殖能力很强，高产鸡和蛋鸭年产蛋可以达到 300 个以上。家禽卵巢肉眼可见到很多卵泡，在显微镜下可见上万个卵泡。每个蛋就是一个卵细胞发育而来的。这些蛋经过孵化如果有 70％成为雏鸡，则每只母鸡一年可以获得 200 多只后代。

公禽的繁殖能力也是很突出的。例如，1 只精力旺盛的公鸡，1d 可以交配 40 次以上，每天交配 10 次左右是很正常的。生产中，1 只公鸡一般配 10～15 只母鸡。

二、家禽的解剖特点

（一）骨骼与肌肉

家禽的骨骼致密、坚实且重量较轻，既可维持身体框架，又可减轻体重，利于飞翔。骨骼大致分为长骨、短骨、扁平骨。骨重占体重的 5.5％～7.5％。长骨有骨髓腔，骨髓有造血机能。大部分椎骨、盘骨、胸骨、肋骨和肱骨有气囊憩室，通过骨表面的气孔与气囊相通（图 2-1）。

家禽的骨骼在产蛋期的钙代谢中起着重要作用。蛋壳形成过程中所需要的钙有 60％～75％由饲料供给，其余的由骨供给，然后再由饲料中的钙来补充。执行这一机能的骨称为髓质骨。鸡长骨的皮质骨与哺乳动物一样，而髓质骨是在产蛋期存在于母鸡的一种易变的骨质。其由类似海绵状骨质相互交接的骨针构成。骨针含有成骨细胞和破骨细胞。在产蛋期，髓质骨的形成和破坏过程交替进行。在蛋壳钙化过程中，大量髓质骨被吸收，使骨针变短、变窄。一天当中不形成蛋壳时钙就储存在髓质骨中，在形成蛋壳时就要动用髓质骨中的钙髓质骨相当于钙质的仓库。母鸡在缺钙时可以动用骨中 38％的矿物质，如果再从髓质骨中吸取更多的钙，就会发生瘫痪。

前肢（翅膀）由于指骨的消失和掌骨的融合而退化，肌肉并不发达。后肢骨骼相当长，股骨包入体内而且有强大的肌肉固着在上面，这样使后肢变得强壮有力。

锁骨、肩胛骨与乌喙骨结合在一起构成肩带，脊柱中颈椎和尾椎以及第 7 胸椎与腰、荐椎融合，为飞翔提供了坚实有力的结构基础。

许多骨骼是中空的，如颅骨、肋骨、锁骨、胸骨、腰椎、荐椎都与呼吸系统相通。如气管处于关闭状态，鸟类还可通过肱骨的气孔而呼吸。

7对肋骨中，第1、第2对，有时第7对肋骨的腹端不与胸骨相连。其余各对肋骨均由两段构成，即与脊椎相连的上段称椎肋，与胸骨相连的下段称胸肋。椎肋与胸肋以一定的角度结合，并有钩状突伸向后方，对胸腔的扩大起重要作用。

禽类肌肉的肌纤维较细，共有2种，一种是红肌纤维，另一种是白肌纤维。腿部的肌肉以红肌纤维较多，胸肌颜色淡白，主要由白肌纤维构成。红肌收缩持续的时间长，幅度较小，不容易疲劳；白肌收缩快而有力，但较容易疲劳。

为适应飞翔，家禽的胸肌特别发达。此部分肌肉为全身躯干肌肉量的1/2以上，是整个体重的1/12，为可食肌肉的主要部分。

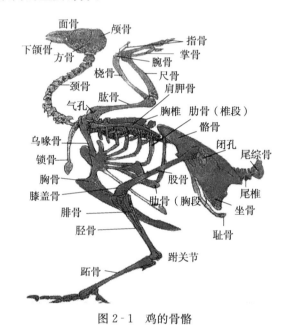

图 2-1　鸡的骨骼

（二）家禽的消化系统解剖生理特点

家禽的消化器官包括喙、口腔、咽、食道、嗉囊（鹅和鸭称为食道膨大部）、腺胃、肌胃、小肠、盲肠、大肠、直肠、泄殖腔，以及肝、胰等（图2-2）。家禽觅食主要靠视觉和触觉。家禽没有牙齿，食物摄入口腔后不经咀嚼而在舌的帮助下直接咽下，虽然口腔中有唾液腺，但分泌唾液不多，且主要成分是黏液，含唾液淀粉酶少，因此唾液的消化作用不大。

食物被吞食即进入嗉囊或食道膨大部。家禽嗉囊或食道膨大部主要起储存食物的作用。家禽一旦发生药物中毒，不宜使用催吐剂排毒，而应实施嗉囊切开术。此外，家禽的嗉囊或食道膨大部也起着湿润和软化食物的作用，而有些家禽（如鸽）也用其嗉乳饲喂其雏禽，嗉乳由嗉囊中的增殖扁平上皮细胞产生，其组成与哺乳动物的乳汁相似，含丰富的脂肪和蛋白质，但与哺乳动物的乳汁也有差异，嗉乳缺乏糖类。

由于嗉囊或食道膨大部内栖居着大量微生物，进入嗉囊或食道膨大部的食物在这些微生物的作用下，发生糖发酵反应，并产生大量有机酸和少量挥发性脂肪酸，其中除少部分被嗉囊壁吸收外，剩余大部分在消化道后段被吸收。

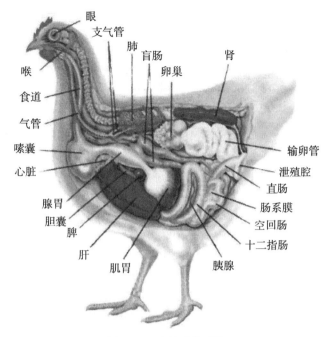

图 2-2 鸡的消化系统

嗉囊收缩使食物由嗉囊进入腺胃。家禽的腺胃黏膜缺乏主细胞，胃液（胃蛋白酶原和盐酸）由其壁细胞分泌。由于腺胃的体积小，食物在腺胃停留的时间较短，所以胃液主要在肌胃内发挥消化作用。混有胃液的食物在肌胃内可被胃液充分消化，肌胃坚实的肌肉及其较坚实的角质膜、肌胃内所含一定数量的砂粒及其有节律性的收缩使颗粒较大的食物得以磨碎，有助于食物消化。肠道的消化液除了不含分解纤维素的酶外，其他大体上与哺乳动物相同，但家禽的肠道长度与体长比值比哺乳动物的小，食物从胃进入肠后，在肠内停留时间较短，一般不超过一昼夜，食物中许多成分还未经充分消化吸收就随粪便排出体外。添加在饲料或饮水中的药物也是如此，较多的药物尚未被吸收进入血液循环就被排到体外，药效维持时间短。因此，在生产实际中，为了维持较长时间有效药物浓度，常需要长时间或经常性添加药物才能达到目的。

家禽营养物质的吸收与哺乳动物是一致的，也是主要在小肠内吸收，通过顺浓度梯度进行被动吸收和通过逆浓度梯度进行主动吸收来实现。但是由于家禽的肠道淋巴系统不发达，因此家禽的脂肪吸收与哺乳动物的不同，家禽脂肪的吸收与其他营养成分一样，都经由血液途径而被吸收，而哺乳动物的脂肪吸收则由淋巴途径来完成。

大部分的水都是在肠道中吸收，剩余的水则与未消化吸收的食物形成半流体状粪便进入泄殖腔，与尿液混合排出体外。

（三）家禽的呼吸系统的解剖生理特点

家禽的呼吸系统包括鼻腔、喉、气管、鸣管、肺和气囊（图 2-3）。家禽的气管与哺乳动物一样，从气管开始，不断分支为初级支气管、二级支气管、三级支气管、毛细气管等多级支气管。家禽的气体交换主要在家禽毛细气管管壁上的膨大结构处进行。因此，人们认为，家禽毛细气管管壁上的膨大结构相当于哺乳动物的肺泡。

禽类的肺位于家禽的背侧，肺的大部分深深埋藏于椎肋间。禽肺扁而小，缺乏弹性，多呈四边形，而哺乳动物的肺分为尖叶、心叶、膈叶、中间叶。

家禽没有像哺乳动物那样具有明显而完善的膈，因此胸腔和腹腔在呼吸机能上是连续的。胸腔内不保持负压状态，即使造成气胸，也不会出现象哺乳动物那样的肺萎缩。家禽的呼吸运动主要靠肋骨和胸骨的交互活动完成，也就是主要通过呼吸肌的舒张交替进行而实现，其中吸气肌主要为肋间外肌和肋胸肌，呼气肌主要为肋间内肌和腹肌。

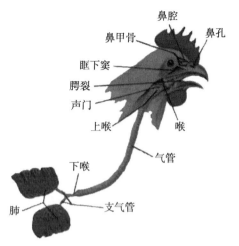

图 2-3 鸡的呼吸系统

气囊是家禽特有的器官，在呼吸运动中主要起着空气储备库的作用。此外，它还有调节体温、减轻重量、增加浮力、利于水禽在水面漂浮等多种功能。家禽的气囊一般有 9 个，除腹气囊是初级支气管的直接延续外，其他气囊都与二级支气管相连。正是家禽这种独特的结构，决定了家禽独有的呼吸生理：每呼吸 1 次，必须在肺内进行 2 次气体交换。家禽吸气时，外界空气进入支气管和侧支气管，其中的一部分气体继续经副支气管、细支气管到达毛细气管通道区，与其周围的毛细血管直接进行气体交换；另一部分气体经二级支气管进入大多数的气囊内。在呼吸周期中，气体在肺内运行的同时，气囊中的部分气体返回支气管进入肺的细支气管，最后也到达毛细气管气体通道区进行气体交换。

家禽的呼吸频率常因家禽个体大小、品种、性别、龄期、环境温度和生理状态的不同而有较大差异。如在常温下，成年公鸭的呼吸频率为 42 次/min，而成年母鸭的为 110 次/min。

（四）家禽的淋巴系统解剖生理特点

家禽的淋巴和淋巴组织在功能上与哺乳动物的一样，一方面将血管外的体液送回血液；另一方面对异体抗原做出反应（图 2-4）。

家禽虽然有淋巴管，但数量上较哺乳动物少。一般情况下，总是伴随着血管行走，而且一般是静脉，在体腔时伴随动脉行走。

除了水禽有 2 对淋巴结外，其他禽类没有真正的淋巴结，而是以壁淋巴小结存在于所有淋巴管的壁内，或以单独的淋巴小结存在于所有的实质器官（胰、肝、肺、肾等）和它们的导管内，或以集合淋巴小结存在于消化道壁，如盲肠扁桃体。

家禽的胸腺由 3~8 个淡红色、扁平、形状不规则的叶状物组成，紧靠颈静脉，排列成一串。在性成熟时，其体积达到最大，之后逐渐退化萎缩。在组织学上与哺乳动物的胸腺相似。

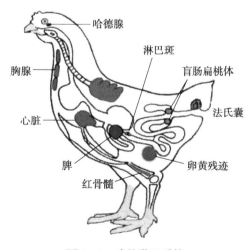

图 2-4 鸡的淋巴系统

法氏囊是家禽所特有的中枢免疫器官，主导体液免疫。鸡传染性法氏囊病主要侵害此部位，引起家禽免疫抑制，导致早期的免疫接种失败和对病原微生物的易感性增强。家禽的法氏囊位于泄殖腔的背侧中央，10周龄时体积最大，在性成熟后开始出现退化和萎缩。

（五）家禽的泌尿系统解剖生理特点

家禽泌尿系统由肾和输尿管组成。肾分前、中、后三叶，嵌于脊柱和髂骨形成的陷窝内。家禽的肾无肾盂，输尿管末端无膀胱，直接开口于泄殖腔。尿液在肾内生成后，经输尿管直接排入泄殖腔，其中水分为泄殖腔重新吸收，留下灰白糨糊状的尿酸和部分尿与粪便一起排出体外。因此，通常只看见家禽排粪，而不见排尿。肾的功能是排泄体内的废物，维持体内一定的水分、盐类、酸碱度。

（六）家禽的生殖系统解剖生理特点

母禽不像哺乳动物有明显的发情周期和妊娠过程。家禽胚胎不在母体内发育，而是在体外孵化。母禽虽有两侧卵巢和输卵管，但只有左侧卵巢和输卵管发育成熟。处于性成熟的母禽，其发达的左侧卵巢产生许多卵泡（鸡有1 000～3 000个），每一个卵泡内有一个卵子，每成熟一个卵泡就排出一个卵子。由于卵泡能依次成熟，所以母禽在一个产蛋周期中，能连续产蛋，但排卵后不形成黄体。

家禽的排卵受神经激素控制，尤其是受垂体分泌的促黄体生成素（LH）与促卵泡素（FSH）共同控制。光线刺激下丘脑能影响垂体的内分泌活动，因此光照是影响禽类产蛋周期最重要的环境因素。目前，在养禽业中已采用人工延长光照的方法，来提高家禽的产蛋率。抱窝（就巢性）是母禽的一种行为活动，其表现为愿意孵蛋和育雏，母鸡每抱窝1次，停止产蛋约15d。母禽的抱窝性是由于垂体分泌的催乳素（PRL）量增多造成的，因此注射或埋植雌激素（或雄激素）来拮抗催乳素的产生，能终止母鸡的抱窝性。

与哺乳动物一样，公禽也有2个睾丸，但公禽的2个睾丸位于体腔内，在肺和肾之间的背侧。一般来说，公禽的附睾较哺乳动物的小而不明显，被悬挂睾丸的系膜所遮蔽。公禽缺乏像哺乳动物那样的各种附属生殖器官，外生殖器官发育不完善，像哺乳动物阴茎一样明显凸出的交媾器已经缺失。

思考题

1. 简述禽的生理特点。
2. 简述家禽的解剖特点。
3. 简述家禽消化系统的组成及消化系统各部结构、特征。

家 禽 的 孵 化

知识目标

1. 掌握种蛋的选择、消毒。
2. 了解家禽胚胎发育的基本规律。
3. 掌握鸡胚胎正常发育所需要的条件。
4. 掌握雏鸡的雌雄鉴别的要点。
5. 掌握初生雏的挑选和运输。

能力目标

1. 能进行种蛋消毒。
2. 能对种蛋进行科学管理。
3. 能进行鸡的人工授精。
4. 能正确掌握孵化的基本操作技术规程。
5. 能正确检查、分析孵化效果。
6. 能进行雏鸡的雌雄鉴别。

自然条件下，家禽通常在合适的季节生产一定数量的蛋以后进行自然孵化，繁衍后代。自然孵化俗称抱窝，孵化需要的温度主要来自家禽的体温。绝大多数禽类是母禽完成孵化工作，但有些禽类，如鸵鸟，是由公、母鸵鸟轮流完成孵化的。人工孵化就是模仿母禽的孵化原理，人为地创造适宜的孵化环境，对家禽的种蛋进行孵化，从而大大提高家禽的繁殖效率和生产效率。

我国和埃及是世界上较早进行人工孵化的国家。早在2 000多年前，我国就已经开始用牛粪、马粪发酵产热作为热源进行禽蛋的人工孵化。宋代以后相继创立了缸孵法、炕孵法和桶孵法，成为闻名于世的中国三大传统孵化法，流传至今。现代的孵化器则已经实现了孵化温度、通风、转蛋、报警、记录的全自动化控制，孵化容量大，自动化程度高，劳动强度小，且孵化率高，雏禽品质好。人工孵化已成为现代家禽生产的一项基本技术。

任务一 种蛋的选择、消毒、保存与运输

一、种蛋的选择

种蛋收集后需要进行筛选、消毒后才能进行孵化，为了提供高质量的种蛋，首先要求种禽生产性能高、无经蛋传播的疾病、饲料营养全面、管理良好、种蛋受精率高和无传染性疾病，尤其是要杜绝或严格控制经蛋传播的疾病。种蛋质量受种禽质量、种蛋保存条件等因素的影响，会影响种蛋受精率、孵化率以及雏禽的质量。

（一）品质选择

种鸡应是健康、高产母鸡。只有健康、活泼、反应灵敏和无病种鸡，所产的种蛋才有较高的孵化率。如果种鸡群不健康，特别是种鸡有经蛋传播的疾病，如鸡白痢、鸡伤寒、鸡副伤寒、支原体感染、鸡传染性滑膜炎、传染性支气管炎、白血病和产蛋下降综合征等，则经过蛋孵化传给雏鸡，雏鸡就会发病，甚至死亡。凡患有上述疾病的母鸡所产种蛋，一律不能作为种蛋入孵。

种蛋要新鲜、洁净，种蛋的储存时间不宜超过 7d。

（二）外观选择

1. 蛋的大小 种蛋要求大小、长短适中，不能过大或过小；否则，不仅影响种蛋孵化率，而且雏鸡出生后个体大小不匀，难以管理。种蛋的重量应在 50～60g，此范围以外的种蛋一般不宜入选。

2. 蛋的形状 蛋鸡种蛋的蛋形指数介于 72%～76% 时孵化率最高，低于 72% 或高于 76% 孵化率下降。此外，腰凸、两端尖、沙顶的蛋均应剔除，不能留作种用。

3. 蛋壳颜色 不同品种的种鸡所产的蛋颜色也不相同，因此种蛋的颜色应符合本品种的要求。

4. 蛋壳厚度 种蛋蛋壳厚度介于 0.33～0.35mm 时孵化率最高。薄壳蛋在孵化期内蒸发失重率高。同时，因蛋壳薄，不仅在孵化过程易破损，而且供给胚胎的钙也少，所以在入孵后 10～15d 内死胎率高于正常蛋，致使孵化率降低。因此，薄壳蛋应淘汰不能入孵。若是比较贵重的种蛋，薄壳蛋也可单独孵化，加大孵化湿度，以保持较高的孵化率。钢皮蛋也不能留用。

5. 蛋的清洁度 蛋壳表面应光洁、无污点。蛋壳表面污点大于黄豆粒的，应用 40℃温水冲洗干净晾干，或用干净布擦干后入孵；否则，影响种蛋孵化率。

6. 蛋的透视 用照蛋灯在夜间或在暗室内对种蛋进行透视，凡有裂纹、气室过大、蛋黄上浮、散黄及蛋内有异物（如血斑、肉斑）的蛋都不能入孵。据试验，血斑蛋孵化率平均为 48%，而同期入孵的正常蛋孵化率为 71.1%～86.0%。剖检发现，血斑蛋的胚胎主要死亡于 13～18d，占整个孵化期死胎的 70%，主要是由于血斑蛋胚胎生殖器官的微血管破裂所致。

（三）听音选择

操作者两手各拿 3 个种蛋，转动手指，使蛋相互轻轻碰撞，听其声音。完整无损的蛋声音清脆，破损蛋可听到破损声。

二、种蛋的保存

(一) 种蛋保存所需要的环境条件

1. 温度 种蛋保存的温度高低与孵化率有关，当环境温度高于 23.9℃时，鸡胚开始发育，低于这个温度时鸡胚停止发育。但种蛋保存温度要低于这个温度，以 10～13℃为最好。如果保存超过 14d，则以 10.5℃效果为好；否则，影响孵化率。

2. 湿度 蛋内大量水分通过蛋壳上的许多小孔蒸发掉，影响种蛋孵化率。而蛋内水分蒸发的速度与蛋库内的湿度有关，环境湿度大，蛋内水分蒸发慢；湿度小，蛋内水分蒸发快。蛋库内的相对湿度以 75%～85%为最好。

3. 空气 要求空气新鲜、流通，无不良气味。

4. 保持清洁卫生 要求蛋库内无尘埃飞扬，无鼠害，保持清洁卫生。

(二) 种蛋的保存时间

种蛋的孵化率与保存时间、环境温度有关，保存时间长、环境温度高均会降低孵化率。一般来说，冬、春两季气温较低，保存时间为 5～10d，最好 5d；夏季天气炎热，保存时间为 1～3d，不能超过 5d。为延长保存天数，有条件者最好在蛋库内安装空调。

(三) 保存期间注意事项

1. 逐渐降温 母鸡体温为 40.6～42℃，种蛋在产出之前胚胎已开始发育，产出后停止发育，应将种蛋逐渐转至蛋库内保存。为创造种蛋保存的适宜温度，要注意蛋库内的降温速度、所需时间与盛放种蛋的设备、蛋的数量、气温和气流速度的关系，降温速度过快或过慢对胚胎发育均有一定影响。同样，种蛋入孵前由蛋库转到孵化室，也应有逐渐升温的过程，或者称为预热。

2. 保存过程中种蛋的放置 以往种蛋的放置习惯是大头朝上，小头朝下。据试验，种蛋保存 14d，小头朝上放置，其孵化率有提高的趋势。保存 7d 以内，种蛋小头朝上的孵化率为 90%，而大头朝上的孵化率为 82%。

3. 翻蛋 种蛋保存时间如果在 7d 内，一般不需要翻蛋，保存天数超过 14d 时，则每天翻蛋 1～2 次。翻蛋可防止蛋黄与蛋壳粘连，有利于提高种蛋孵化率。

三、种蛋的消毒

鸡蛋从母鸡的泄殖腔产出，蛋壳表面被许多微生物污染并开始迅速繁殖，虽然蛋壳表面有一层胶质，但大量微生物仍可进入蛋内，影响种蛋孵化率和雏鸡质量。因此，必须做好种蛋的消毒工作。

(一) 消毒时间

种蛋的消毒共分 2 个阶段。首先是鸡舍内消毒，其次是孵化前消毒。

1. 鸡舍内消毒 每次集蛋完毕，立刻在鸡舍内消毒。消毒所用的消毒箱，应根据鸡舍鸡群的最大产蛋量设计，并设有排风扇。每天集蛋至少 2 次，多者更好。

2. 孵化前消毒 由于多种原因，消毒过的种蛋仍会被污染，所以在孵化前需进行第 2 次消毒。消毒应在孵化室内单设的消毒箱或消毒室内进行。消毒室的设计应根据每次入孵种蛋多少而定，并设有排风扇。种蛋消毒时间为入孵前的 12～15h。

（二）消毒方法

1. 甲醛熏蒸法 这是消毒效果最好的一种方法。即每立方米空间用福尔马林 40mL、高锰酸钾 20g，熏蒸 1h。熏蒸的箱体或房间一定密封，不能漏气。

2. 新洁尔灭消毒法 以 1∶1 000（5%新洁尔灭原液兑 50 倍水）溶液喷于蛋表面，或用 40～45℃的 1∶1 000 新洁尔灭溶液将种蛋浸泡 3min。

四、种蛋的运输

（一）种蛋运输的条件

1. 环境条件 种蛋运输的最佳温度为 12～15℃，相对湿度为 75%～80%。运输种蛋时的温度不能超过 24℃。

2. 运输条件 要根据运输路程而定。路程较远的，最好用火车、飞机运输；路程较近的，可用汽车运输。种蛋在运输过程中，一定要平稳，无颠簸；否则，易造成种蛋系带受损、蛋黄下沉或形成流动气室，降低孵化率。

（二）种蛋的包装

种蛋包装最好采用特制的纸箱或蛋托，也可用木箱。若有特制纸箱，应将种蛋放置在每个小纸格内。纸格的大小，应根据种蛋的大小设计，每层种蛋再用纸板相隔。若用蛋托包装，每个蛋托可放 30 个，一个蛋箱左右放 2 摞蛋托，共 5 层，共放 300 个。如果用木箱而无蛋托时，在木箱底部应铺设新鲜、干燥的锯末、刨花、麦秸等垫料，每层蛋之间都要有一层垫料，以防止蛋与蛋直接接触。另外，在放置种蛋时，要大头朝上、小头朝下，不能平放。蛋与蛋之间要靠紧，尽可能不留空隙。

运输种蛋时，要根据气候和天气的变化情况，在冬季备有保温用的棉被、棉毯等。夏季高温多雨，要备有遮阳及防雨用的雨具、帆布等。蛋箱要用绳子捆牢。为减少运输途中的颠簸，运输种蛋的汽车应配装沙子等。

任务二　家禽的胚胎发育

一、孵化期

受精蛋从入孵至出壳所需的天数即孵化期。各种家禽均有一定的孵化期（表 3-1），但胚胎发育的确切时间仍受许多因素影响，如蛋重大的比蛋重小的孵化期长。种蛋保存时间长，孵化期略延长。孵化温度高，孵化期缩短；孵化温度低，孵化期延长。但是，不论何种原因造成孵化期延长或缩短都是不正常的，对孵化率、雏鸡质量都不利。

表 3-1　各种家禽的孵化期

家禽种类	鸡	鸭	鹅	瘤头鸭	火鸡	珠鸡	鸽	鹌鹑
孵化期/d	21	28	31	33～35	28	26	18	17

二、胚胎发育的外部主要特征

（一）胚胎发育的阶段划分

家禽的胚胎发育大体分为 4 个阶段。第 1 阶段是孵化的第 1～4 天，为胚胎的器官分化阶段，此期在胚胎的内外胚层间很快形成中胚层。外胚层形成皮肤、羽毛、喙、爪、神经系统、晶体、视网膜、耳、口腔和泄殖腔上皮，中胚层形成骨骼、肌肉、血液、生殖器官和排泄器官，内胚层形成消化道、呼吸道上皮和内分泌腺体。第2阶段是孵化的第5～14天，为器官形成阶段，即神经系统、性腺、肝、脾的形成和口腔、四肢的出现。在这个阶段形成肺的基础、感觉器官的外部，出现肋骨、脊椎，脖颈伸长，翼、喙明显，四肢形成，腹部愈合，全身覆有绒毛，胚及腿趾上出现鳞片。第3阶段是孵化的第15～20天，为胚体的生长阶段，蛋白、蛋黄等营养物质全部被吸收利用。胚胎逐渐长大，肺血管形成，尿囊及羊膜消失，蛋黄囊收缩并收入体内，继而除气室外胚胎充满壳内，胚开始肺呼吸，在壳内鸣叫直至出壳。第4阶段是孵化的第21天，为出壳阶段，雏鸡形成，破壳而出。

（二）胚胎发育过程中的主要变化及透光检视特征

第1天：在入孵后16h，体节形成。透光检视，种蛋孵化15～20h，蛋内有一个光亮的圆珠，随蛋黄转动，俗称"白光珠"。

第2天：入孵后25h，心脏和血管开始形成。透光检视，"白光珠"变暗红，并逐渐扩大，形成樱桃状小血饼，俗称"樱桃珠"。

第3天：入孵后60h，鼻开始形成。入孵后62h，腿开始形成。入孵后64h，翅开始形成，胚胎开始转为左侧下卧。循环系统迅速增长。透光检视，可见卵黄囊的血管区形状类似樱桃，俗称"樱桃珠"，在"樱桃珠"中间，初有血丝出现，随后呈现蚊虫状鸡胚，俗称"蚊虫珠"。

第4天：机体所有的器官都已出现。裸露的眼球上出现清晰的血管。透光检视，"蚊虫珠"长大，似小蜘蛛状，血丝分布若蛛网，此时鸡胚不再随蛋黄转动，定位于蛋的一面称为正面，而背面很光亮，俗称"小蜘蛛"。

第5天：生殖器开始分化，出现两性区别。面部和鼻也具雏形。透光检视，"小蜘蛛"长大，如大蜘蛛，头部明显见有一黑眼，这个黑色的眼点，俗称"单珠""黑眼"。

第6天：喙开始出现，翅及腿可区分开。透光检视，在"大蜘蛛"头部和身躯呈现2个黑圆点，俗称"双珠"。

第7天：躯体开始迅速发育，发育速度超过头部。肉眼可分辨出机体的各个器官。透光检视，"大蜘蛛"附近羊水增多，胚胎浸沉在羊水中，蛋正面已布满血丝，称"沉"。

第8天：羽毛按一定的羽区开始发生。透光检视，胚胎在羊水中时沉时浮，若隐若现，似游泳状，俗称"浮"。

第9天：无主要变化。透光检视，此时蛋正面不再有特征性形态，在蛋背面的左右两边可见到有尿囊暗影向中心合拢，并有血管伸入蛋白中，俗称"发边"。

第10天：喙开始变硬，腿部鳞片及趾开始形成。透光检视，左右血管区在气室下首先吻合，尿囊暗影也迅速自左右两侧向中央发展，继而血管伸至蛋的小头，俗称"合拢"。

第11天：腹部愈合，冠出现锯齿，爪的背侧开始角质化并呈白色，尿囊在小头合拢。透光检视，尿囊暗影在蛋的背面中央合拢，并向蛋的小头下沉，俗称"暗影扩大"。

第13天、第14天：已看见初生绒毛，骨髓开始钙化。大多数器官都已分化，但有待最后完善。胚胎发生转动，并与蛋的长轴相平行，其头部通常朝向蛋的大头。

第15～16天：透光检视，尿囊暗影继续向蛋的小头下沉、扩大，俗称"暗影下沉"。

第17天：头部发生转向，使喙部位于右翅下，并朝向增大的气室下部。透光检视，尿囊暗区完全充满蛋的小头、呈暗色，近气室端发红，俗称"封门"或"红口"。

第 18 天：透光检视，胚胎的身体收缩到最小状态，蛋的气室面发生倾斜，俗称"斜口"。

第 19 天：卵黄囊开始缩入体腔，雏鸡达到便于啄壳的位置。卵黄囊中的物质为雏鸡出壳后头几天的营养源。喙穿入气室，雏鸡开始呼吸。透光检视，在气室内可看到翅膀、颈部的暗影闪动，并可听到雏鸡在壳内鸣叫，俗称"闪毛""隐叫"。

第 20 天：无变化。透光检视，雏鸡普遍"隐叫"，啄壳，并有部分雏鸡出壳，俗称"啄壳"。

第 21 天：出壳。

三、胚外膜的发育与功能

禽胚的营养与呼吸主要靠胎膜来实现，胎膜有 4 种，即卵黄囊、羊膜、浆膜及尿囊。它们不仅是生理代谢的需要，而且也是胚胎适应陆地生活的保护性构造。

（一）卵黄囊

孵化第 2 天，开始形成卵黄囊；孵化第 4 天，卵黄囊血管包围蛋黄 1/3；孵化第 6 天，卵黄囊血管分布于蛋黄表面 1/2；孵化第 9 天，卵黄囊血管几乎覆盖整个蛋黄表面。卵黄囊表面分布很多血管，构成卵黄囊循环系统，经卵黄囊柄进入胚体。蛋黄吸收是由卵黄囊内胚层细胞的消化酶将蛋黄变成液状，然后由卵黄囊内壁所吸收，并通过卵黄囊血管循环的血液，经心脏带到生长的胚胎各部位。蛋黄在孵化第 6 天前还给胚胎供氧。由此可见，卵黄囊是具有营养、呼吸等功能的器官。在整个胚胎发育过程中，卵黄囊逐渐缩小，到雏鸡孵出前 3d，部分卵黄进入胚胎肠道中（主要在直肠中），呈黄绿色，出雏后，排出体外，这便是胎粪。

（二）羊膜与浆膜

羊膜在孵化 30～33h 开始发生，首先形成头褶，随后头褶向两侧伸展而形成侧褶，40h 覆盖胚胎头部，第 3 天尾褶出现。第 4～5 天，由于头、侧、尾褶继续生长，在胚胎背上方相遇合并，称羊膜脊（或浆羊膜脊），形成了羊膜腔，包围胚胎。然后，羊膜腔充满液体（羊水），起着缓冲震动、平衡压力、保护胚胎免受震伤的作用，也保持早期胚胎的湿度。羊膜表面没有血管，但有平滑肌纤维，孵化第 6 天开始有规律地收缩，震动羊水，使胚胎不致因粘连而畸形。孵化第 5～6 天羊水增多，第 17 天羊水开始减少，第 18～20 天大幅度减少以至枯竭。羊膜褶包括两层胎膜。内层靠胚体，称羊膜；外层称浆膜（又称绒毛膜）。浆膜紧贴在内壳膜上，当尿囊发育到达壳膜时，绒毛膜与尿囊结合形成尿囊绒毛膜，随尿囊发育，最后包围胚胎本身及其他胚外膜和蛋的内容物。

（三）尿囊

尿囊孵化第 2 天末至第 3 天初开始发生，从后肠的后端腹壁形成一个突起。孵化第 4～10 天迅速生长，第 6 天到达壳膜内表面，第 10～11 天包围整个胚胎内容物，并在蛋的小头合拢，以尿囊柄与肠连接。尿囊在接触壳膜内表面继续发育的同时，与绒毛膜结合成尿囊绒毛膜。其位置紧贴在多孔的壳膜下面，起到排出 CO_2、吸入 O_2 的呼吸作用，并吸收蛋壳上的矿物质供给胚胎。尿囊还是胚胎蛋白质代谢产生的尿酸盐等废物的储存场所。因此，尿囊既是胚胎的营养器官，又是胚胎的呼吸与排泄器官。孵化第 17 天尿囊液开始减少，第 19 天动、静脉萎缩，第 20 天尿囊血液循环停止。当雏鸡出壳时，尿囊柄断裂，黄白色的排泄物和尿囊绒毛膜遗留在蛋壳内壁上。

四、胚胎发育过程中的物质代谢

鸡胚需要水、能量、蛋白质、矿物质、维生素等营养物质，才能完成正常发育。

1. 水 蛋内水分随孵化天数的增加而逐渐减少，一部分被蒸发，其余部分进入蛋黄，形成羊水、尿囊液以及胚胎体内水分。蛋黄内的水分从孵化的第 2 天开始增加，第 6～7 天达到最大量，从第 1 天的 30％增至 64.4％。此水分来源于蛋白，所以蛋白含水量从 54.4％降至 20％，变成浓稠的胶状物，约 12d 后水分重新进入蛋白，蛋黄恢复原重，蛋白变稀，以便经羊膜道进入羊膜腔。整个孵化期损失的水分占蛋重的 15％～18％。

2. 能量 胚胎发育所需要的能量来自蛋白质、糖类和脂肪，但不同胚龄的胚胎对这些营养物质的利用不同。糖类是胚胎发育早期的能量来源，而后利用脂肪和蛋白质。脂肪的利用是在孵化的第 7～11 天，胚胎将脂肪变成糖加以利用，第 17 天后蛋白质被大量利用。第 10 天胰分泌胰岛素，从第 11 天起，肝内开始储存肝糖。蛋内脂肪的 1/3 在胚胎发育过程中耗掉，2/3 储存于雏鸡体内。

3. 蛋白质 蛋内的蛋白质约 47％存于蛋清，约 53％存于蛋黄，它是形成胚胎组织器官的主要营养物质。在胚胎发育过程中蛋清及蛋黄中的蛋白质锐减，而胚胎体内的各种氨基酸渐增。在蛋白质代谢中，分解出的含氮废物由胚内循环带到心脏，经尿囊绒毛膜血管循环排泄于尿囊腔中。第 1 周胚胎主要排泄尿素和氨，从第 2 周起排泄尿酸。

4. 矿物质 在胚胎的代谢中钙是最重要的矿物质，它从蛋壳中转移至胚胎中。蛋内容物和胚胎中的钙含量自孵化的第 12 天起显著上升。胚胎发育还需要另外一些矿物质，如磷、镁、铁、钾、钠、硫等，其来源主要是蛋内容物。许多情况下，种母鸡日粮中矿物质缺乏，会使蛋中矿物质含量满足不了胚胎发育需要。

5. 维生素 维生素是胚胎发育不可缺少的营养物质，主要是维生素 A、维生素 B_2、维生素 B_{12}、维生素 D_3 和泛酸等，这些维生素全部来源于种鸡所采食的全价饲料，如果饲料中的含量不足，则会影响蛋内含量，极容易引起胚胎早期死亡或破壳难而闷死于壳内。维生素不足也是造成残、弱雏的主要原因。

任务三　孵化条件

一、温度

温度是孵化最重要的条件，只有保证胚胎正常发育所需的适宜温度，才能获得高的孵化率和健康的雏禽。

（一）生理零度

孵化过程中，低于某一温度胚胎发育就被抑制，高于这一温度胚胎才开始发育，这一温度被称为"生理零度"，也称临界温度。因为干扰因素太多，生理零度的准确值很难确定。此外，这一温度还因家禽的品种、品系不同而异。一般认为，鸡胚的生理零度约为 23.9℃。

（二）胚胎发育的适温范围及最适温度

胚胎发育对环境温度有一定的适应能力，以鸡为例，鸡胚发育的适宜温度为 36.9～

39.5℃。对鸡而言，在室温为 24～26℃ 的前提下，最适孵化温度是 37.8℃，出雏期间最适温度为 37～37.5℃。孵化温度过高或过低，均会降低孵化率（表 3-2）。其他家禽的孵化适宜温度和鸡差不多，一般在 ±1℃ 的范围内。孵化期越长的家禽，孵化适宜温度相对越低一些；孵化期越短的家禽，孵化适宜温度相对越高一些。

另外，适宜温度还受蛋的大小、蛋壳质量、家禽的品种品系、种蛋保存时间、孵化期间的空气湿度等因素的影响。

表 3-2　孵化温度与孵化率的关系

温度/℃	35.5	36.1	36.6	37.2	37.8	38.3	38.8	39.4
受精蛋孵化率/%	10	50	70	80	88	85	75	50

（三）温度对胚胎发育的影响

1. 高温　胚胎在高于适宜温度条件下孵化，会加速胚胎发育的速度，缩短孵化期，孵化率和雏鸡质量会有不同程度的下降。如 16 日龄鸡胚在 40.6℃ 的温度下，孵化 24h，孵化率只有轻微的下降，但是在 43.3℃ 条件下，孵化 6h，孵化率明显下降，9h 后会严重下降。孵化温度升至 46.1℃，孵化 3h，或 48.9℃ 孵化 1h，所有胚胎将全部死亡。发生停电事故时，孵化器内均温风扇停止运转，热量不均，较热的空气上升至孵化器顶部，会造成孵化器上部的种蛋过热，而下部温度不足。

2. 低温　在低于适宜温度条件下孵化，胚胎发育变缓，延长孵化期。人工机器孵化和自然孵化一样，短时间的降温（0.5h 以内）对孵化效果无明显的不良影响。孵化第 14 天以前，胚胎发育受温度降低的影响较大，第 15～17 天即使将温度短时间降至 18.3℃，也不会严重影响孵化率。第 18～21 天虽然要求的适宜温度低，但是温度下降却会对出雏率有严重影响，如果温度降低到 18.3℃ 以下，孵化率可以降低到 10% 以下。在此期间即使是短时间停电，也会严重影响出雏率。

（四）孵化方式与施温方案

我国家禽人工孵化的施温方案有 2 种：一种是恒温孵化，另一种是变温孵化。这 2 种孵化施温方式都可获得很高的孵化率。

1. 恒温孵化　将鸡 21d 孵化期的孵化温度分为：第 1～19 天，37.8℃；第 20～21 天，37～37.5℃（或根据孵化器制造厂推荐的孵化温度）。一般情况下，2 个阶段均采用恒温孵化。必须将孵化室温度保持在 22～26℃，低于此温度，应当用暖气、热风或火炉等供暖；如果无条件提高室温，则应提高孵化温度 0.5～0.7℃。室温超过要求的温度时，则应通风降温，如果降温效果不理想，孵化温度应降低 0.2～0.6℃。此方式适合分批入孵的情况。

2. 变温孵化　变温孵化法主张根据不同的孵化器、不同的环境温度（主要是孵化室温度）和禽的不同胚龄，给予不同孵化温度，以更好地满足胚胎发育要求，孵化率更高。例如，某中型鸡场由原来的恒温孵化改为变温孵化，孵化率由平均 73% 上升到 75%，提高了 2%。此方式适用于整批入孵而不适用于分批入孵。其施温方案可参考表 3-3。从表 3-3 中可看出，家禽整个孵化期分 4 个阶段逐渐降温进行孵化，故变温孵化也称降温孵化。

表 3-3 鸡的变温孵化施温方案

孵化室温度/℃	胚龄/d	孵化器温度/℃	孵化室温度/℃	胚龄/d	孵化器温度/℃
	1～6	38.5		1～6	38.0
15～20	7～12	38.2	22～28	7～12	37.8
	13～18	37.8		13～18	37.6
	19～21	37.5		19～21	36.9

二、湿度

湿度降低，蛋内水分蒸发过快，雏鸡提前出壳，雏鸡个体小于正常雏鸡，容易脱水；湿度较高，水分蒸发过慢，延长孵化时间，雏鸡个体较大且腹部较软。孵化过程中湿度控制一般采取"两头高、中间低"的原则，第 1～7 天，相对湿度 60%～65%，有利于形成羊水和尿囊液；第 8～18 天，相对湿度 50%～55%，有利于胚胎外膜的萎缩；第 19～21 天，相对湿度 65%～70%，可防止绒毛与蛋壳粘连。在养殖实践过程中，实现机器孵化以后，自动控温、控湿和翻蛋有效解决了热量的均衡和胚胎的散热，可在孵化器底放置水盘，靠自然蒸发来加湿，可有效避免胚胎与壳膜粘连。鸭、鹅等水禽出雏湿度要求较高，一般相对湿度都在 90% 以上，有时需要向孵化器内喷热水以增加湿度。

三、通风换气

胚胎在发育过程中，不断地与外界进行气体交换，正常情况下，空气中氧气的含量为 21%，二氧化碳为 0.4% 时孵化率高。氧气含量每降低 1%，孵化率下降 5%。氧气含量每增加 1%，孵化率下降 1% 左右。新鲜空气中的二氧化碳含量为 0.03%～0.04%，当二氧化碳含量超过 1% 时，每增加 1%，孵化率下降 15%，孵化率成正比例下降。

胚胎发育过程与外界的气体交换随着胚龄的增加而加强，尤其第 19 天以后，鸡胚开始用肺呼吸，其耗氧更多。胚胎自身的产热量也随着胚龄的增加成比例增加，尤其孵化后期胚胎代谢更加旺盛，产热更多，这些热量必须散发出去，否则会造成温度过高，"烧死"胚胎或影响其正常发育。孵化器内的均温风扇，不仅可以提供胚胎发育所需要的氧气，排出二氧化碳，而且还起到均匀温度和散热的功能。

四、翻蛋

翻蛋的目的是改变胚胎方位，防止胚胎粘连，使胚胎各部分均匀受热，促进羊膜运动及改善羊膜血液循环。孵化器孵化一般每 1～2h 翻蛋 1 次，在鸡孵化过程中，前期翻蛋比后期更为重要，第 1～7 天翻蛋，孵化率为 78%；第 1～14 天翻蛋，孵化率 95%；第 1～18 天翻蛋，孵化率为 92%。孵化器孵化一般到第 18 天停止翻蛋并移盘。翻蛋角度太小不能达到翻蛋的效果，太大会使尿囊破裂从而造成胚胎死亡。一般情况下，翻蛋角度以水平位置前俯后仰各 45° 为宜。同时，翻蛋不能仅一个方向，否则增加胚胎的死亡率。翻蛋动作一定要轻、稳、慢，不能粗暴。

五、凉蛋

1. 凉蛋作用 凉蛋的作用是驱散胚蛋内由于自身产热而积累的多余热量，避免胚蛋在后期出现超温现象而"烧死"。同时，用较低的温度刺激胚胎，促使胚胎发育并增加将来雏禽对外界气温的适应能力。还可加大后期孵化器内的气体交换，让鸡胚得到更多新鲜空气，以利于胚胎发育。

鸭蛋、鹅蛋孵化至第16～17天以后，由于物质代谢增加而产生大量生理热，使孵化器内温度升高，胚胎发育加快，必须向外排出过多的热量。在炎热的夏季，整批入孵为避免出现超温也要凉蛋。

2. 凉蛋方法 一般每天上、下午各凉蛋1次，每次20～40min。凉蛋时间的长短，应根据孵化日期及季节而定，还可根据蛋温来定。一般用眼皮来试温，即以蛋贴眼皮，感到微凉（31～33℃）就应停止凉蛋，重新关上机门继续孵化。夏季高温情况下，应增加孵化室的湿度后再凉蛋，时间也可长些。鸭、鹅蛋通常采用在蛋面用温水喷雾的方法，来增加湿度和降温。凉蛋时间不宜过长，否则死胎增多，雏鸡脐带愈合不良。凉蛋时要注意，若胚胎发育缓慢可暂停凉蛋。

任务四　机器孵化

一、孵化器的基本构造

现代孵化器包括孵化器和出雏器两部分。孵化器是禽蛋前期、中期发育的场所，出雏器是雏禽后期破壳的场所。一般情况下，3台孵化器与1台出雏器组合使用。孵化器分为机体、控温系统、控湿系统、翻蛋系统、通风系统及其他附属设备。孵化器质量优劣的首要指标是机内上下、左右、前后各点的温差。如果温差在±0.25℃范围内，说明孵化器质量好。温差的大小受孵化器多种结构和性能影响。

（一）主体结构

1. 孵化器的外壳 要求保温性能好，防潮能力强，坚固美观。一般箱壁由3层组成，外层为ABS工程塑料板，里层为铝合金板，夹层中填塞的是玻璃纤维或聚苯乙烯泡沫等隔热材料，3层厚度约为5cm，孵化器的门要密贴封条。孵化器一般没有底部，便于清洗消毒。1万个蛋以上入孵量的孵化器，其箱壁均设计成可拆卸式板块结构。

2. 种蛋盘 种蛋盘分为孵化盘和出雏盘两种，多采用塑料制品。孵化盘又分为栅式塑料孵化盘和孔式塑料孵化盘。孔式塑料孵化盘能增加单位面积容蛋量，与出雏盘配套使用，可用于抽盘、移盘。出雏盘与孵化盘配套使用能提高移盘的劳动效率，减少移盘的时间和应激现象，提高孵化率。

3. 孵化盘与出雏盘配套工艺 入孵的码盘、移盘和出雏等操作，费工费时，为提高工作效率，便于清洗消毒，国内外孵化器制造厂家采取了多种措施。

（1）使用真空吸蛋器。如孵化盘装蛋量为5×6型蛋托的2倍，可实现码盘、移盘机械化。

（2）直接整盘移盘出雏。出雏器内设有距离6cm的上、下滑道，下滑道放出雏盘，上滑道放孵化盘，移盘时将出雏盘直接放上。出壳的雏鸡从孵化盘中直接掉入下面的出雏盘中。

（3）扣盘移盘法。国外不少采用移盘器，即孵化盘放在移盘器的下活动架上，然后扣上出雏盘及上活动架，左右两人捏住活动架把手，迅速翻转180°，孵化盘中的胚蛋全部落入出雏盘。

4. 孵化活动转蛋架和出雏架 转蛋架按蛋架形式分，主要有八角架式和跷板式。八角架式活动转蛋架，除上、下各两层孵化盘较小外，其他规格一样。其特点是整体性能好，稳固牢靠。要求蛋盘托间隙尺寸一致，以防掉盘或卡盘。跷板式转蛋架的整个蛋架由很多层跷板式蛋盘托组成，靠连接杆连接，翻蛋时以蛋盘托中心为支点，分别左右或前后倾斜 $45°\sim50°$。

出雏架由于不需转蛋，所以结构比活动转蛋架简单得多，仅用角钢作支架，在支架上等距焊以 2cm×2cm 角铁的出雏盘滑道，使之放上出雏盘后留有约 1.5cm 的通风缝。

5. 机内照明和安全系统 为了观察方便和操作安全，机内设有照明设备及启闭电机装置，一般采用手动控制，当打开机门时，机内照明灯亮，电机停止转动；关门时，机内照明灯熄灭，电机转动。也可将开关安装在门框上自动控制。

（二）控温控湿、通风报警和降温系统

总要求为灵敏度高、控制精确、稳定可靠、经久耐用、便于维修。

1. 加热系统 应以多组金属外壳密封的电热器组成，位置排列恰当，可使机内温度均匀性达到最佳状态。

2. 降温系统 大中型孵化器应设空冷和水冷两套冷却降温系统，可加快冷却降温速度。

3. 加湿系统 采用柱形圆盘式回转加湿器。圆形塑料加湿片带水性能强，蒸发面大，加湿效率高。

4. 通风系统 很重要，采用大直径混流式叶片，中间对称布置，使机内各处空气交换迅速，无涡流死区，均温性要好。

5. 进气排气系统 应能自动或手动控制启闭。废气的排放应有外接排气管道，以保证机内废气及时排出室外而不污染室内空气。室内另设正压通风机供应所需的新鲜空气（最好通过加消毒剂的水箱过滤后进入）。

6. 自控系统 当前孵化器的自控程度日益提高，现行的有模拟分立元件控制系统、集成电路控制系统和电脑控制系统 3 种。集成电路控制系统可预设温度和湿度，并能自动跟踪设定数据。电脑控制系统可单机编制多套孵化程序，也可建立中心控制系统，一个中心控制系统可控制数十台，乃至 100 台或以上的孵化单机。

宜选有数字显示温度、湿度、翻蛋次数、孵化天数，并有高低温报警系统，还能自动切断电源的孵化器。

（三）技术指标

先进的孵化器技术指标的精度已达很高水平。以下各项技术精度指标可供选择时参考：温度显示精度，0.1～0.01℃；湿度显示精度，相对湿度 2%～1%；控温精度，0.2～0.1℃；控湿精度，相对湿度 3%～2%；箱内温度标准差，0.2～0.1℃。

（四）孵化器的类型

孵化器的类型多种多样。按供热方式可分为电热式、水电热式、水热式等；按箱体结构可分为箱式（有拼装式和整装式两种）和巷道式；按放蛋层次可分为平面式和立体式；按通风方式可分为自然通风和强力通风式。孵化器类型的选择主要根据生产条件孵化决定。在电源充足稳定的地区选择电热箱式孵化器或巷道式孵化器为好。拼装式箱式孵化器安装拆卸方便；整装式箱式孵化器箱体牢固，保温性能较好；巷道式孵化器孵化量大，为大型孵化场采用。

（五）孵化器的容蛋量与出雏器选型

应根据孵化厂的生产规模来选择孵化器的容蛋量，当前国内外孵化器制造厂商均有系列产品。每台孵化器的容蛋量从数千枚到数万枚不等，巷道式孵化器可达到 6 万枚以上。

出雏器的选型，要求与孵化器相同。如采用分批入孵与分批出雏制，一般出雏器的容蛋量按 1/4～1/3 与孵化器配套。

孵化器用于孵化鸭蛋、鹅蛋时，其容蛋量分别是鸡蛋的 65％、40％，并配置鸭蛋或鹅蛋孵化专用蛋盘和蛋车。

二、孵化前的准备

1. 制订孵化计划 制订孵化计划，应根据孵化设备条件、孵化出雏能力、种蛋供应能力及销售能力等具体情况而定，最好签订合同，办好手续。计划一经制订，非特殊情况不能随便改动，以便使整个工作有条不紊地进行。

孵化人员的安排，要根据实际情况及孵化技术水平，适当搭配，选出负责人。另外，要把费工费力的工作，如上蛋、验蛋、落盘、出雏等工作错开。一般每 5d 孵 1 批，也有 7d 入孵 2 次，即 3d 入 1 批，4d 入 1 批，这样工作效率比较高。

2. 孵化设备及附属用品的准备 在孵化前几天，应逐一检查机器的每个系统，校正各部件的性能，故障一经查出立即排除。例如，调节温度、控湿水银导电温度计所需要的温度、湿度，达到所需温度、湿度时，看是否能切断电源；报警系统能否自动报警；蛋的前俯后仰角度是否达到 45°等。待各控制系统均无异常，便试机 1～2d，一切正常方可入孵。

3. 孵化设备的消毒 在种蛋入孵前几天，要把孵化设备先用清水冲刷，再用 0.1％的新洁尔灭溶液擦拭，然后以每立方米容积用福尔马林 40mL、高锰酸钾 20g 进行熏蒸。要求温度在 24℃以上、相对湿度 75％以上的条件下熏蒸 24h，然后开机门和进出气孔通风。

4. 种蛋预热 种蛋入孵前 4～6h 或 12～18h，先在 22～25℃室温下进行预热，可以除去蛋表面的冷凝水，使孵化器升温快，对提高孵化率有好处。

5. 码盘（排蛋） 国外码盘用吸蛋器，国内多采用人工操作。这项工作费工又费力，并且工作量较大，要求认真、细心。码盘的时间可根据孵化量多少及劳力的多少而定，如果一次上蛋比较多，可以提前 1～2d 码盘；如果一次上蛋不多，可在当天消毒前几小时完成。

6. 验蛋 码盘后，马上验蛋。把码好的种蛋一盘盘放在一个验蛋架上，用照蛋灯逐个透视检查，把裂纹蛋、破蛋及蛋内有异物的全部剔除。在透视检查时，要上下仔细观察，动作要轻，不能粗暴，避免人为造成破蛋，增加不应有的损失。

三、孵化操作技术

1. 入孵 一切准备就绪以后，就可以入孵了，入孵时间为 16：00—17：00，也有的在 0：00 以后进行。

2. 孵化的日常管理 孵化的日常管理非常简单，主要是观察温度的变化，观察控制系统的灵敏程度，出现超温报警时及时处理。若采用水盘供水时，每天要定时往水盘加温水；若采用自动供湿时，要保证湿纱布的供水。孵化器和孵化室的温度、湿度、通风情况要经常记录、观察。

（1）温度调节。要根据不同类型、不同结构的孵化器调节温度。孵化器在入孵前经校正、检验并试机运转正常，一般不能随意调节设定参数。在刚入孵时，由于上机的种蛋及孵化盘需大量吸收热量，温度上升比较缓慢，这是正常现象，不能乱调温度，直至蛋温、盘温与孵化器内温度相等时，孵化器温度就恢复正常了。只有在正常情况下，机内温度仍偏高或偏低 0.5～1.0℃时，才予以调节。温度调节，一般都以门表的温度为依据，每隔 0.5～1h 应观察 1 次，并做好孵化温度记录。孵化人员还应了解胚蛋的温度，用手触摸或用眼皮测试，要看胎施温。另外，还要根据孵化室里的温度高低调节温度。

（2）湿度调节。湿度由孵化器门表内干湿温度换算求得，每小时观察记录 1 次。湿度高低与水盘多少、水温高低、水位高低及孵化室内环境湿度有关。目前，比较先进的湿度调节是自动调节，当机内湿度大时，自动报警，减少水分的蒸发；湿度小时，自动报警，增大水分的蒸发。应经常留意机件的运转情况，如电机是否发热、有无异常声响等。

（3）翻蛋。增加翻蛋次数，可提高孵化率。目前，机器孵化多是自动翻蛋，每小时翻蛋 1 次。手动翻蛋，动作要轻、稳、慢，并防止事故发生。

3. 照蛋　孵化期内一般照蛋 2 次，目的是及时验出无精蛋和死精蛋，并观察胚胎发育情况。第 1 次照蛋白壳鸡蛋在第 6 天左右进行，褐壳鸡蛋在第 10 天左右进行；第 2 次照蛋在移盘时进行。采用巷道式孵化器一般在移盘时照蛋 1 次。

（1）照蛋的意义。照蛋是检查胚胎发育情况和调节孵化条件的重要依据。照蛋即在禽蛋孵化到一定的时间后，用照蛋器在黑暗条件下对禽蛋进行透视，检查禽胚胎发育情况，剔除无精蛋、死胚蛋和破损蛋的过程。一般孵化场每批禽蛋照蛋 2 次。但在大型孵化场，为节省工时、减轻劳动强度和避免照蛋对胚胎产生的应激反应，通常在移盘前只照 1 次。

（2）照蛋的时间及内容要求。

①照检第 5～8 天的家禽胚胎（一照）。通常鸡胚在第 5 天、鸭胚在第 7 天、鹅胚在第 8 天时进行一照。其目的是剔除无精蛋、死胚蛋、破壳蛋和不能继续发育的弱胚蛋。

受精蛋：整个蛋红色，胚胎发育像蜘蛛，其周围血管明显，扩散面占禽蛋体的4/5，并可看到禽胚上的眼点，将禽蛋微微晃动，胚胎也随之而动。

弱精蛋：发育缓慢，胚体较小，血管浅淡而纤细，扩散面不足禽蛋体的 4/5，眼点不明显。

死精蛋：只见禽蛋内有不规则的血线、血点或紧贴内壳面的血圈。

无精蛋：蛋内发亮，只见蛋黄稍扩大，颜色淡黄，看不见血管及胚胎。

照检蛋时动作要快，轻拿轻放。胚蛋在室温中放置不超过 25min，室温要求保持在22～28℃，操作过程中不小心打破胚蛋时应及时剔出。

②照检第 19～29 天的家禽胚胎（二照）。通常鸡胚在第 19 天、鸭胚在第 26 天、鹅胚在第 29 天时进行二照。其目的是检查胚胎发育情况，将发育差或死胚蛋剔除，此次照蛋后即行移盘。

正常活胚蛋：可见蛋内全为黑色，气室边界弯曲明显，有时可见胚胎颤动。

弱胚蛋：气室边界平整，血管纤细。

胚蛋：气室边界颜色较淡，无血管分布，手摸感觉发凉。

4. 移盘（落盘）　孵化至第 18 天时将孵化器蛋架上的蛋移入出雏器的出雏盘中，并停止翻蛋，称为移盘或落盘。试验表明，胚蛋孵至第 19 天或 10％～20％的胚蛋"打嘴"的时候再移盘较为合适，这样可提高孵化率。移盘要求动作轻、稳、快，尽量缩短移盘时间，减少破蛋。

5. 清扫、消毒　全进全出制的出雏器，拣完雏后，应彻底清扫，然后用高压水冲洗，再用福尔马林、高锰酸钾熏蒸。分批次出雏的孵化器，也要清扫、冲洗和消毒，消毒方法可改用新洁尔灭溶液擦拭出雏盘、出雏器等。

6. 孵化记录　每次孵化应将入孵日期、品种、蛋数、种蛋来源、两次照蛋情况、孵化结果、孵化期内的温度变化等记录下来，以便统计孵化成绩或做总结工作时参考。孵化场可根据需要按照上述项目自行编制记录表格。此外，应编制孵化日程表，以利于工作。

▌■ 思考题

1. 简述种蛋的选择、消毒。
2. 简述胚胎正常发育所需要的条件。
3. 简述孵化的基本操作技术规程。

家禽的饲养管理

任务一 雏鸡的饲养管理

一、雏鸡的生理特点与饲养阶段的划分

(一) 雏鸡的生理特点

1. 雏鸡体温较低，体温调节机能不完善 初生雏的体温较成年鸡低 2~3℃，4 日龄开始慢慢上升，到 10 日龄时达到成年鸡体温，到 3 周龄左右，体温调节机能逐渐趋于完善，7 周龄以后才具有适应外界环境温度变化的能力。雏鸡绒毛稀短、皮薄，早期难以抵御寒冷。因此，育雏期，尤其是早期要注意保温防寒。

2. 雏鸡生长迅速、代谢旺盛 蛋用雏鸡 2 周龄体重约为初生时的 2 倍，6 周龄时为 10 倍，8 周龄时为 15 倍；肉仔鸡生长更快，相应为 4 倍、32 倍、50 倍。以后随日龄增长生长速度逐渐减慢。雏鸡代谢旺盛，心跳快，每分钟脉搏可达 250~350 次，安静时单位体重耗氧量比家畜高 1 倍以上，雏鸡每小时单位体重的产热量为成年鸡的 2 倍，所以既要保证雏鸡的营养需要，又要保证良好的空气质量。

3. 雏鸡羽毛生长快、更换频繁 雏鸡 3 周龄时羽毛为体重的 4%，4 周龄时为 7%，以后大致不变。从出壳到 20 周龄，鸡要更换 4 次羽毛，分别在 4~5 周龄、7~8 周龄、12~

13 周龄和 18～20 周龄。羽毛中蛋白质含量高达 80％～82％，为肉、蛋的 4～5 倍。因此，雏鸡日粮的蛋白质（尤其是含硫氨基酸）水平要高。

4. 消化系统发育不健全 雏鸡胃肠容积小，进食量有限，消化腺也不发达（缺乏某些消化酶），肌胃研磨能力差，消化力弱。因此，要注意喂给纤维含量低、易消化的饲料，并且要少喂勤添。

5. 抵抗力弱，敏感性强 雏鸡免疫机能较差，约 10 日龄才开始产生自身抗体，产生的抗体较少，出壳后母源抗体也日渐衰减，3 周龄左右母源抗体降至最低，故 10～21 日龄为危险期。雏鸡对各种疾病和不良环境的抵抗力弱，对饲料中各种营养物质缺乏或有毒药物的过量反应敏感。所以，要做好疫苗接种和疫病防控工作，搞好环境卫生，保证饲料营养全面，投药均匀适量。

6. 雏鸡易受惊吓，缺乏自卫能力 各种异常声响以及新奇的颜色都会引起雏鸡骚乱不安，因此育雏环境要安静，并要防止野兽进入鸡舍。

（二）后备鸡饲养阶段的划分

1. 按周龄划分 雏鸡和育成鸡统称后备鸡，传统上根据其生理特点和饲养工艺设计，将 0～20 周龄的后备鸡划分为 2 个阶段：0～6 周龄鸡称为雏鸡，一般需要供热和细心照料，并给予较高的营养；7～20 周龄的鸡称为育成鸡，在此期间一般不再供热。由于不同时期营养需要有所不同，又将育成鸡细分为 7～14 周龄的中雏鸡和 15～20 周龄的大雏鸡。

2. 按体重划分 体重是衡量后备鸡生长发育的重要指标之一，不同鸡种（品系）都有其标准体重。符合标准体重的鸡，说明生长发育正常，将来产蛋性能好、饲料转化率高；体重过大、过肥的鸡，性机能较差，产蛋少，死亡率高；体重太轻，说明生长发育不健全，产蛋持久性差。因此，应该以体重而不是周龄来划分后备母鸡的生长阶段。

3. 按体重和胫骨长划分 进一步的研究表明，鸡的体重和生产性能的高低取决于骨骼的发育程度，新母鸡适宜的体重和较大的骨架是获得高产的先决条件。骨骼的发育与胫骨长的变化呈强正相关，因此现代蛋鸡应以体重和胫长双重指标来划分生长阶段。

骨骼在生长前期发育较快，育雏期体重的增加主要是由于骨骼的快速发育。因此，由育雏转为育成阶段的依据是雏鸡的胫骨长和体重都达到标准，并且以胫骨长为第一限制性因素。如迪卡白鸡在胫骨长达 85mm，体重 620g（约 8 周龄时）时进入育成期。育成鸡的饲养管理是按体重而不是周龄来进行的，当体重达标，骨骼发育已完成后，就给予光刺激。育成鸡何时转为产蛋鸡无时间上的规定。这样划分后，育雏期比过去延长 2～4 周，产蛋期提前 2 周左右，性成熟和体成熟能够同步，有利于生产。

雏鸡的培育是十分重要的工作。要根据不同饲养阶段给予相应的饲养管理，使雏鸡的骨骼得到充分发育，使育成鸡的体成熟与性成熟同步，才能为成年鸡的高产稳产奠定基础。

二、育雏前的准备

（一）鸡舍及设备的检查与维修

雏鸡全部出舍后，先将舍内的鸡粪、垫料，顶棚上的蜘蛛网、尘土等清扫出鸡舍，再进行检查维修，如修补门窗、封死老鼠洞、检修鸡笼，使育雏笼门不跑鸡，笼底不漏鸡。

（二）鸡舍及设备的消毒

1. 冲洗 冲洗前先关掉电源，将不防水照明灯用塑料布包严，然后用高压水龙头冲洗舍内所有的表面（地面、四壁、屋顶、门窗等），鸡笼，各种用具（如饮水器、盛料器、接粪盘等），以及鸡舍周围，直到肉眼看不见污物。冲洗后每平方厘米地面仍残留数万到数百万细菌。

2. 干燥　冲洗后充分干燥可增强消毒效果，细菌数可减少到每平方厘米数千个到数万个，同时可避免使消毒药浓度变低而降低灭菌效果。对铁质的平网、围栏、料槽等，晾干后便于用火焰喷枪灼烧。

3. 药物消毒　消毒时将所有门窗关闭，以便门窗表面能喷上消毒液。选用广谱、高效、稳定性好的消毒剂，如用 0.1％新洁尔灭溶液，0.3％～0.5％过氧乙酸溶液、0.2％次氯酸溶液等喷雾鸡笼、墙壁，用 1％～3％氢氧化钠溶液或 10％～20％石灰水溶液泼洒地面，用 0.1％新洁尔灭溶液或 0.1％聚维酮碘溶液（百毒杀）浸泡塑料盛料器与饮水器。鸡舍周围也要进行药物消毒。

4. 熏蒸　熏蒸前将舍内密封好，放回所有育雏用器具，地面平养的需铺上厚 10～15cm 的垫料，按每立方米空间用福尔马林 18mL 和高锰酸钾 9g，密闭 24h。舍温在 15～20℃，相对湿度在 60％～80％时熏蒸效果最好。

经上述消毒过程后，有条件的可进行舍内采样细菌培养，要求灭菌率达到 99％以上，否则再重复进行"药物消毒—干燥熏蒸"。消毒后的鸡舍，应空置 1～2 周才能使用。需要注意的是，消毒过程一定要切实可靠，不能忽略或流于形式。

（三）鸡舍试温

在进雏前 2～3d，安装好灯泡，调整好供暖设备（如红外线灯泡、煤炉等），地面平养的舍内需铺好垫料，网上平养的则需铺上塑料布，平养的都应安装好护网。然后，把育雏温度调到需要达到的最高水平（一般接近热源处 35℃，舍内其他地方最高 24℃左右），观察室内温度是否均匀、平稳，温度计的指示是否正确，供水是否可靠。进雏之前还要把水加好，让水温达到室温。

（四）饲料及药品准备

按雏鸡的营养需要及生理特点，配合好新鲜的全价饲料，在进雏前 1～2d 要准备好饲料，以后要保证持续、稳定的供料。育雏前 6 周内，每只鸡消耗 1.2～1.5kg 饲料，据此备好充足的饲料，有条件的最好用小颗粒饲料。

要事先准备好本场常用疫苗及药物，如新城疫疫苗（冻干苗和油苗）、传染性法氏囊病弱毒疫苗、传染性支气管炎疫苗、抗鸡白痢药、抗球虫病和抗应激药物等。这要根据当地及场内疫病情况进行准备。此外，要准备好常规的环境消毒药物。

如要断喙，还要配备好断喙器等。此外，还需要进行人员分工及培训，制订好免疫接种计划，准备好育雏记录本及记录表，记录出雏日期、存栏量、日耗料量、鸡死亡数、用药及疫苗接种情况，以及体重和发育情况等。

三、育雏方式

人工育雏按其占地面积、空间、给温方法的不同，其管理要点与技术也不同，大致可分为地面育雏、网上育雏和笼上育雏 3 种方式。其中，前两种又称平面育雏，后一种又称为立体育雏。

（一）平面育雏

根据房舍的不同，地面育雏可以用水泥地面、砖地面、土地面或炕面，地上铺上 5cm 左右的垫料，室内设有喂食器、饮水器及保暖设备。这种方式占地面积大，管理不方便，易潮湿，空气不好，雏鸡易患病，受惊后容易扎堆压死，只适于小规模暂无条件的鸡场采用。为便于消毒，用水泥地面较好。

网上育雏是把雏鸡饲养在离地 50～60cm 高的铁丝网或特制的塑料网或竹网上，网眼大小一般不超过 1.2cm×1.2cm，要求稳固、平整，便于拆洗。网上育雏的优点是可节省垫料，饲养密度比地面平养提高 30%～40%，鸡粪可落入网下，减少了鸡白痢、球虫病等疾病的传播；雏鸡不直接接触地面的寒湿气，降低了发病率，育雏率较高。缺点是造价较高，养在网上的雏鸡有些神经质。网上育雏要加强通风，保持堆积的鸡粪干燥，减少有害气体的产生。

平面育雏从保暖方式来说大体上可分为煤炉育雏、烟道育雏、红外线灯育雏、电热伞育雏、热水管育雏等。这几种保暖方式各有优缺点，又互为补充，可根据当地及自身情况合理选用。如小型鸡场和农户常用煤炉育雏，中小型鸡场和较大规模鸡场适宜用烟道育雏和热水管育雏。红外线灯及电热伞常用作局部加温设备，在电力充足的地区也有仅用电热伞育雏的。每盏红外线灯的育雏数与室温高低有关（表 4-1），电热伞下所容纳雏鸡数与伞的直径和高度有关（表 4-2）。

表 4-1 红外线灯（250W）育雏数

室温/℃	30	24	18	12	6
育雏数/只	110	100	90	80	70

表 4-2 电热伞下容纳的鸡数

电热伞罩直径/cm	育雏伞高/cm	2周龄以下鸡数/只
100	55	300
130	60	400
150	70	500
180	80	600
840	100	1 000

注：2周龄后酌情减少 20% 的鸡数。

（二）立体育雏

立体育雏是将雏鸡饲养在分层的育雏笼内。育雏笼一般 4 层，采用层叠式，热源可用电热丝、热水管、电灯泡等，也可以采用煤炉或地下烟道等设施来提高室温。每层育雏笼由 1 组电加热笼、1 组保温笼和 4 组运动笼 3 部分组成，可供雏鸡自由选择适宜的温区。笼的四周可用毛竹、木条或铁丝等制作，有专门的可拆卸的铁丝笼门更好，笼底大多采用铁丝网或塑料网，鸡粪由网眼落下，收集在层与层之间的接粪板上，定时清除。饲槽和饮水器可排列在笼门外，雏鸡伸出头即可吃食、饮水。这种设备可以增加饲养密度，节省垫料和热能，便于实行机械化和自动化，同时可预防鸡白痢和球虫病的发生及蔓延，但立体育雏投资大（农村可充分利用竹木结构），对营养、通风换气等要求较为严格。由于笼养鸡饲养密度较大，活动量很有限，鸡的体质较差，饲养管理不当时容易患营养缺乏症、笼养疲劳症、啄癖等各种疾病。

目前，养鸡业发达的国家，90％以上的蛋鸡都采用立体育雏，我国也广泛应用。立体育雏分为两类：两段制和一段制。两段制立体育雏采用两套不同规格的笼具，一般 0～6 周龄雏鸡养于育雏笼，笼底网眼大小不超过 1.2cm×1.2cm；7～20 周龄养于育成笼，为 2～4 层半阶梯式鸡笼，笼子空间更大，便于育成鸡的生长发育。一段制即育雏、育成鸡在同一舍内笼养，采用四层阶梯式，中间两层笼先集中育雏，然后逐渐均匀分布到四层笼进行育成，可减少转群造成的伤亡。育雏时，笼底网眼间距要缩小，可铺塑料网垫（6 周龄左右取出）或调小网眼间距，侧网和后网加密，以防跑雏，前网丝距可以根据鸡的大小调节，使其既能自由采食、饮水，又不致跑出来。一段制的鸡笼保温效果不如专用育雏笼好，但比较经济。目前，仍以两段制更为普遍。

四、雏鸡的选择和运输

（一）初生雏的选择

现代商品化养鸡多为大规模、集约化生产，对雏鸡质量要求很高，必须认真选择。

1. 种鸡选择　要求种鸡产蛋量高，蛋重适宜，遗传性能稳定，符合品种特征，配套正确，没有慢性呼吸道病、鸡传染性支气管炎、新城疫、马立克病、禽白血病等疾病。疾病污染严重的地区，要求种鸡保持较高的抗体水平，以使雏鸡得到较高的母源抗体，增强早期抵抗力。商品雏鸡应是正确配套种鸡的杂交后代，其产蛋性能才更好。

2. 孵化场选择　雏鸡生长是否良好及早期死亡率高低与孵化场密切相关。应从防疫制度严格、种蛋不被污染、出雏率高的孵化场购入雏鸡。同一批鸡，按期出壳的雏鸡质量较好，过早或过迟出壳的雏鸡质量较差。孵化场应及时给雏鸡注射马立克病疫苗，再转移到育雏室。

3. 感官选择　一般在孵化室进行，可通过"一看、二摸、三听"来选择。

一看，看雏鸡的精神状态。健雏一般活泼好动，眼大有神，羽毛整洁光亮，腹部卵黄吸收良好；弱雏一般缩头闭目，羽毛蓬乱不洁，腹大，松弛，脐口愈合不良、带血等。

二摸，摸雏鸡的膘情、体温。手握雏鸡感到温暖、有膘、体态匀称、有弹性、挣扎有力的就是健雏；手感较凉、瘦小、轻飘、挣扎无力的就是弱雏。

三听，听雏鸡的叫声。健雏叫声洪亮清脆；弱雏叫声微弱、嘶哑，或鸣叫不休，有气无力。

（二）初生雏的运输

雏鸡运输是一项重要的技术工作，稍不留神就会给养鸡场带来较大的经济损失。因此，必须做好以下几方面的工作。

1. 选好运雏人员　要求运雏人员必须具备一定的专业知识、运雏经验和较强的责任心。

2. 准备好运雏用具　运雏用具包括交通工具、雏鸡箱及防雨、保温用品等。雏鸡箱一般长 50～60cm，宽 40～50cm，高 18cm，箱子四周有直径 2cm 左右的通气孔若干，箱内分 4 个小格，每个小格放 25 只雏鸡，可防止挤压。箱底可铺清洁的干稻草，以减轻震动，利于雏鸡抓牢站立，避免运输后瘫痪。没有专用雏鸡箱的，也可用厚纸箱、筐等，但要留有一定数量的通气孔。冬季和早春运雏要带防寒用品，如棉被、毛毯等。夏季运雏要带遮阳、防雨用具。所有运雏用具在装运雏鸡前，均要进行严格消毒。

3. 掌握适宜的运雏时间 初生雏鸡体内还有少量未被利用的卵黄，故初生雏鸡在48h或稍长一段时间内可以不喂饲料进行运输。但可喂些饮用水，尤其是夏季或运雏时间较长时。有试验表明，雏鸡出壳后24h开食的死亡率较8h、16h、36h开食都低，故最好能在出壳后24h运到目的地。运输时力求做到稳而快，减少震动。

4. 解决好保温和通风的矛盾 雏鸡运输过程中，保温与通风是一对矛盾，只注意保温，不注意通风换气，会使雏鸡受闷、缺氧，以致窒息死亡；只注意通风换气，忽视保温，雏鸡会受凉感冒，容易诱发鸡白痢，成活率下降。因此，装车时要注意将雏鸡箱错开安排，箱子周围要留有通风空隙，重叠层数不能太多。气温低时要加盖保温用品，但不能盖得过严，装车后立即启运，路上要尽量避免长时间停车。运输人员要经常检查雏鸡情况，如见雏鸡张嘴抬头、绒毛潮湿，说明温度太高，要注意通风降温；如见雏鸡挤在一起，吱吱鸣叫，说明温度偏低，要把雏鸡分开并加盖保温。长时间停车时，要经常将中间层的雏鸡箱与边上的雏鸡箱对调，以防中间的雏鸡受闷、缺氧。

5. 合理安放 雏鸡运到后，要及时接入准备好的育雏舍内，并进行全面选择，将健雏和弱雏分开饲养，以使雏鸡生长整齐，成活率高，及早处理掉过小、过弱及病残雏。拣鸡动作要轻，不要扔掷，否则会影响雏鸡日后的生长发育。

五、雏鸡的饲喂技术

（一）饮水

1. 初饮 给雏鸡首次饮水习惯上称为初饮。雏鸡出壳后，一般应在其绒毛干后12～24h开始初饮，此时不给饲料。冬季水温宜接近室温（16～20℃），在室内预热时就应加好饮水；炎热天气尽可能提供凉水。最初几天的饮水中，通常每升水中可加入0.1g高锰酸钾，以利于消毒饮水和清洗胃肠，促进雏鸡胎粪的排出。经过长途运输的雏鸡，饮水中可加入5%的葡萄糖、多维素或电解质液，以帮助雏鸡尽快恢复体力，加快体内有害物质的排泄。育雏头几天，饮水器、盛料器应离热源近些，便于鸡取暖、饮水和采食。立体育雏时，开始1周内在笼内饮水、采食，1周后训练在笼外饮水和采食。

雏鸡出壳后一定要先饮水后喂食，而且要保证清洁的饮水持续不断地供给，因为出雏后体内水分消耗很大，雏鸡体内残留的蛋黄需要水分来帮助吸收。另外，育雏室温度较高，空气干燥，雏鸡呼吸和排泄时会散失大量水分，也需要靠饮水来补充水分以维持体内水代谢的平衡，防止脱水死亡。因此，饮水是育雏的关键。

2. 正常饮水 雏鸡损失10%的水分就会引起机能失调，损失20%就会死亡。所以初饮后，无论何时都不应该断水（饮水免疫前的短暂停水除外），而且要保证饮水清洁，尽量饮用自来水或清洁的井水，避免饮用河水，以免水源污染而致病。饮水器要刷洗干净。供水系统应经常检查，去除污垢。饮水器的数量，要求育雏期内每只雏鸡最好有2cm的饮水位置，或每100只雏有2个4.5L的塔式饮水器。饮水器一般应均匀分布于育雏舍或笼内，并尽量靠近光源、育雏伞等，避开角落放置，让饮水器的四周都能供雏鸡饮水。饮水器的大小及距地面的高度应随雏鸡日龄的增加而逐渐调整。

雏鸡的需水量与品种、体重和环境温度的变化有关。体重越大，生长越快，需水量越多；中型品种比小型品种饮水量多；高温时饮水量较大。一般情况下，雏鸡的饮水量是其采食干饲料的2～2.5倍。需要密切注意的是：雏鸡的饮水量忽然发生变化，往往是鸡群出现问题的信号,如鸡群饮水量突然增加,而且采食量减少,可能有球虫病、传染性法氏囊病等发生,或者饲料中含盐分过高等。蛋用雏鸡在不同温度和周龄时的饮水量见表4-3。

表4-3 蛋用雏鸡在不同温度和周龄时的饮水量(L/100只)

周龄	21℃以下	32℃
1	2.27	3.90
2	3.97	6.81
3	5.22	9.01
4	6.13	10.60
5	7.04	12.11
6	7.72	12.32

(二)饲喂

1. 开食 给雏鸡第1次喂料称开食。适时开食非常重要,原则上要等到鸡群羽毛干后并能站立活动,且有2/3的鸡有寻食表现时进行。有试验表明,雏鸡在羽毛干后24h开食的死亡率较8h、16h、36h开食为低,一般开食的时间掌握在出壳后24~36h,此时雏鸡的消化器官才能基本具备消化功能。过早开食,雏鸡缺乏食欲,对消化器官有害,也影响卵黄的吸收利用,不利于今后的生长发育;过迟开食,雏鸡的体力消耗大,影响今后的生长和成活。由于出雏时间的拉长,大型鸡场还要求分批开食。

开食时使用浅平食槽或食盘,或直接将饲料撒于反光性强的已消毒的硬纸、塑料布上,当一只鸡开始啄食时,其他鸡也纷纷模仿,全群很快就能学会自动吃料、饮水。有条件的鸡场或专业户可采用人工诱食的方法,让鸡群尽快吃上饲料。开食料要求新鲜、颗粒大小适中,易于啄食,营养丰富,易消化。常用的有碎玉米、小麦、碎米、碎小麦等,这些开食料最好先用开水烫软,吸水膨胀后再喂,1~3d后改喂配合日粮。大群养鸡场也有直接使用雏鸡配合饲料的。

2. 正常饲喂 开食1~3d后,应逐步改用雏鸡配合饲料进行正常饲喂,并在喂食器中盛上饲料,每天多次搅拌喂食器中的食物,促使雏鸡开始使用喂食器,1周后撤除开食器具。

开食后实行自由采食。饲喂时要掌握"少喂勤添八成饱"的原则,每次喂食应在20~30min内吃完,以免雏鸡贪吃,引起消化不良,食欲减退。从第2周开始要做到每天下午料槽内的饲料必须吃完,不留残料,以免雏鸡挑食,造成营养缺乏或不平衡。一般第1天饲喂2~3次,以后每天喂5~6次,6周后逐渐过渡到每天4次。喂料时间要相对稳定,喂料间隔基本一致(晚上可较长),不要轻易变动。从2周龄时,料中应开始拌1%砂粒,粒度从小米粒大小逐渐增大到高粱粒大小。

育雏期,要保证每只雏鸡占有5cm左右的食槽长度。雏鸡的饮水器和喂食器应间隔放开,均匀分布,使雏鸡在任何位置距水、料都不超过2m。

雏鸡饲料的需要量依雏鸡品种、日粮的能量水平、鸡龄大小、喂料方法和鸡群健康状况等不同而有差异。同品种鸡随鸡龄的增大,每天的饲料消耗量是逐渐上升的,生产中饲养员应每天测定饲料消耗量,如发现饲料消耗量减少或连续几天不变,说明鸡群生病或饲料质量变差了。此时，应立即查明原因，采取有效措施，保证鸡群正常生长发育。为了充分利用农村的自然资源，提高养鸡的经济效益，小型鸡场和广大农户可使用青绿饲料喂鸡。使用了青绿饲料，在配合饲料时就可以少添加或不添加复合维生素添加剂。给雏鸡第 1 次喂青绿饲料（即"开青"）的时间一般是在出壳后的第 4 天，开青用的青绿饲料可以是切碎的青菜或嫩草等。饲喂量约占饲料总量的 10％。不宜过多，以免引起腹泻，或雏鸡营养失调。随着雏鸡日龄的增长，可逐步加大青饲料喂量到占饲料总量的 20％～30％。大型鸡场一般不喂青绿饲料，而是饲喂营养全面的全价配合饲料。

蛋用雏鸡的饲料有两种：干粉料和湿拌料。一般机械化或半机械化的大型鸡场或规模较大的专业户宜采用干粉料，省工省时，鸡群能比较均匀地吃到饲料，只是适口性稍差。一些小型鸡场可采用湿拌料，这种方法能保持雏鸡旺盛的食欲，有利于雏鸡对饲料的消化吸收。但工作烦琐，劳动强度大，要求及时处理料槽中的剩料，现喂现拌，掌握好饲喂量，减少浪费。湿拌料应拌成半干半湿状，捏在手中能成团，轻轻拍击能自动散开。

六、雏鸡的管理

（一）培育雏鸡的主要环境条件

给雏鸡创造适宜的环境是提高雏鸡成活率、保证雏鸡正常生长发育的关键措施之一。其主要内容包括温度、湿度、通风、密度、光照、环境等。

1. 温度 适宜的温度是育雏成功的首要条件，育雏开始的 2～3 周极为重要。刚孵出的雏鸡体温低于成年鸡 2.7℃左右，20 日龄时接近成年鸡体温，体温调节机能不完善，绒毛稀短，皮薄，难以自身御寒，尤其在寒冷季节，所以必须严格掌握育雏的温度。

育雏温度包括育雏舍和育雏器的温度，平面育雏时，育雏器温度是指将温度计挂在育雏器边缘或热源附近，距离垫料 5cm 处，相当于鸡背高的位置测得的温度；育雏舍的温度是指将温度计挂在远离热源的墙上，离地 1m 处测得的温度。立体育雏时，育雏器温度是指笼内热源区距离网底 5cm 处的温度；育雏舍的温度是指鸡笼外离地 1m 处的温度。由于育雏器的温度比育雏舍的温度高，在整个育雏舍内形成了一定的温差，有利于空气对流，而且雏鸡可以根据自身的需要选择适温地带，感觉到较热的雏鸡可自动走向远离育雏器的地方，而感觉到较冷的雏鸡可以靠近育雏器。育雏的适宜温度见表 4-4。

表 4-4　育雏的适宜温度

日　龄	立体育雏温度/℃		平面育雏温度/℃	
	育雏器	育雏室	育雏器	育雏室
1～3	34～32	24～22	34	24
4～7	32～31	22～20	32	22
8～14	31～30	20～18	31	20
15～21	29～27	18～16	29	18～16
22～28	27～24	18～16	27	18～16
29～35	24～21	18～16	24	18～16
36～42	20～18	18～16	20～18	18～16

由表 4-4 可知，前 3 周温度下降幅度较小，每周降低 1～2℃，以后几周降幅略大，每

周降低 3～4℃。随着鸡龄增加，育雏器与育雏舍的温度差逐渐缩小，最后保持在 16℃ 以上才能满足雏鸡的需要。立体育雏群小，密度大，提供的温度比较均匀，育雏温度可低些。温度下降要逐渐进行，做到平稳过渡，否则对雏鸡的生长发育不利，死亡率增加。

育雏温度掌握得是否得当，温度计上的温度只是一种参考依据，重要的是要会"看鸡施温"，即通过观察雏鸡的表现正确地控制育雏温度。育雏温度合适时，雏鸡在育雏舍（笼）内均匀分布，活泼好动，采食、饮水都正常，羽毛光滑整齐，雏鸡无异常状态或不安的叫声；育雏温度过高时，雏鸡远离热源，精神不振，展翅张口呼吸，不断饮水，严重时出现脱水现象，雏鸡食欲减退，体质变弱，生长发育缓慢，还容易引发呼吸道疾病和啄癖等；育雏温度过低时，雏鸡靠近热源、扎堆，羽毛蓬松，身体发抖，不时发出尖锐、短促的叫声，扎堆还可能压死下层的雏鸡，低温还容易导致雏鸡感冒，诱发雏鸡白痢。另外，育雏舍内有贼风（间隙风、穿堂风）侵袭时，雏鸡也有拥挤的现象，但雏鸡大多密集于远离贼风吹入方向的某一侧。不同温度下雏鸡的状态见图 4-1。

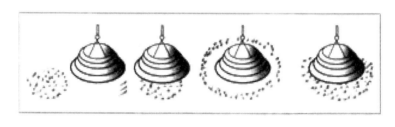

有贼风进舍　　　温度太低　　　温度太高　　　温度正常

图 4-1　不同温度下雏鸡的状态

育雏的温度因雏鸡品种、年龄及气候等的不同而有差异。一般来讲，育雏温度随鸡龄增大而逐渐降低，弱雏的饲养温度应比健雏高些；小群饲养比大群饲养的要高一些；夜间比白天高些；阴雨天比晴天高些；肉用鸡比蛋用鸡要高些；室温低时育雏器的温度要比室温高时高一些。生产中可据实际情况，并结合雏鸡的状态做适当调整。

2. 湿度　湿度一般用相对湿度表示。湿度的高低，对雏鸡的健康和生长有较大影响，但影响程度不及温度。因为，一般情况下，湿度不会过高或过低。只有在极端情况下或多种因素共同作用时，才可能对雏鸡造成较大危害。初生雏鸡体内含水量高达 76%（成年鸡 72% 左右），如雏鸡出壳后在孵化器内停留过久，或出雏后超过 72h 还没有开始饮水，或冬季取暖造成环境干燥时，雏鸡可能发生脱水而增加死亡率。在干燥的环境下，雏鸡体内的水分会通过呼吸大量散发出去，这就影响雏鸡体内剩余卵黄的吸收，使绒毛发干且大量脱落，使脚趾干枯；雏鸡可能因饮水过多而发生腹泻，也可能因室内尘土飞扬患呼吸道疾病。因此，育雏初期由于室内温度较高，空气湿度往往太低，高温低湿会加重上述症状。所以，必须注意室内水分的补充，使育雏舍的相对湿度达到 70%～75%。可以在火炉上放置水壶烧开水或定期向室内空间、地面喷雾等来提高湿度。有条件的鸡场最好安装喷雾设备。

雏鸡饲养到 10 日龄以后，随着年龄与体重的增加，采食量、饮水量、呼吸量、排泄量等都逐日增加，加上育雏的温度又逐周下降，很容易造成室内潮湿。南方多雨地区或梅雨季节育雏时，情况更严重，雏鸡对这种潮湿的环境极不适应。育雏室内低温高湿时，会加重低温对雏鸡的不良影响，因水分能吸收机体的热量，雏鸡会因失热过多而受寒，易患各种呼吸道疾病、感冒等；高温高湿条件下，雏鸡的水分蒸发和体热散发受阻，会感到更加闷热不适，而且高温、高湿还能促进病原性真菌、细菌和寄生虫生长繁殖，易导致饲料和垫料霉变，使雏鸡暴发曲霉菌病、球虫病等。因此，雏鸡10日龄后，育雏舍内要注意加强通风，勤换垫料，严防供水系统漏水，尽可能将育雏舍的相对湿度控制在55%～60%。

育雏舍的湿度一般使用干湿球温度计来测定，要注意使湿球少沾灰尘以利水分蒸发。有经验的饲养员还可通过自身的感觉和观察雏鸡表现来判定湿度是否适宜。湿度适宜时，人进入育雏室有湿热感，雏鸡的脚爪润泽、细嫩，精神状态良好，鸡群振翅时基本无尘土飞扬。如果人进入育雏室感觉鼻干口燥、鸡群大量饮水、鸡群骚动时灰尘四起，这说明育雏室内湿度偏低；反之，雏鸡羽毛黏湿、舍内用具、墙壁上有一层水珠，室内到处都感到湿漉漉的，则说明湿度过高。

3. 通风

（1）有害气体。经常保持育雏舍内空气新鲜，这是雏鸡正常生长发育的重要条件之一。雏鸡生长快，代谢旺盛，呼吸频率高（35次/min），需氧量大，单位体重排出的二氧化碳比大家畜高出2倍以上。另外，禽类的消化道较短，雏鸡排出的粪便中还含有20%～50%的营养物质，这些营养物质在育雏室的温湿条件下，经微生物分解可产生大量有害气体，如二氧化碳、氨、硫化氢等。这些有害气体对雏鸡的生长和健康都很不利，尤其在饲养密度大，或用煤或煤气供暖时，更要注意通风换气。

①二氧化碳。二氧化碳无色、无臭、无毒，相对密度1.524，主要来源于鸡群呼吸。一般来讲，育雏室内二氧化碳的含量要求控制在0.15%左右，不能超过0.5%。大气中二氧化碳的浓度很低（0.03%），只要注意舍内通风，一般不会超标，只有在密闭式鸡舍通风设备出现故障时，才可能导致二氧化碳浓度过高。如舍内二氧化碳浓度过高，雏鸡缺氧，呼吸频率显著增加，严重时雏鸡精神不振，食欲减弱，生长缓慢，体质下降。此外，二氧化碳浓度还能指示其他有害气体的含量。

②氨。氨气无色，具刺激性臭味，易溶于水，相对密度0.596，一般人可感觉的最低浓度是4mg/m³。氨主要由含氮有机物分解而来，特别是温热、潮湿、饲养密度大、垫料反复使用、通风不良等都会使其浓度升高。鸡单位体重的呼吸量大，且除肺外还有气囊遍布全身，因而对氨特别敏感。低浓度的氨即可使雏鸡生长受阻，肉鸡的肉质下降；当氨气浓度达20mg/m³，持续6周以上时，会引起雏鸡肺水肿、充血，诱发呼吸道疾病，降低抵抗力，如使新城疫的发病率增高；氨气浓度为46～53mg/m³时，可导致角膜炎、结膜炎的发生。蛋鸡在氨气浓度为38mg/m³以上的环境中，呼吸频率下降，性成熟延迟，产蛋量减少，且难以恢复，还会降低饲料转化率、增加死亡率等。因此，育雏舍中氨的浓度不应超过10mg/m³。

③硫化氢。硫化氢无色、易溶于水、易挥发、密度大、有强烈的臭蛋气味，产生气味的低限为0.17mg/m³。硫化氢主要来源于含硫有机物的分解，如破蛋腐败或鸡群消化不良时均可产生大量硫化氢。硫化氢毒性很强，易使雏鸡出现眼炎和呼吸道炎症，流泪、角膜混浊、咳嗽，甚至肺水肿；进入血液后可造成组织缺氧。长期低浓度的硫化氢可使鸡的体质变弱、抵抗力下降、生产性能低下、体重减轻；高浓度时可抑制呼吸中枢，导致窒息死亡。育雏舍内硫化氢的要求在6.6mg/m³以下，最高不能超过15mg/m³。

一般室内只要经常通风，也不会出现有害气体浓度偏高的问题。在无检测仪器的条件下，以不刺鼻和眼，无过分臭味为宜。

（2）通风换气的方法。有自然通风和机械通风两种。密闭式鸡舍及笼养密度大的鸡舍采用机械通风，如安装风机、空气过滤器等设备，将净化后的空气引入舍内。开放式鸡舍基本上都是依靠开窗进行自然通风。由于有些有害气体比重大，地面附近浓度大，故自然通风时还要注意开地窗。

值得注意的是，育雏舍内的通风和保温常常是矛盾的，尤其是在冬季，生产上应在保温的前提下排出不新鲜的空气，如在通风之前先提高室温1～2℃，待通风完毕后基本上降到了原来的舍温，或通过一些设备处理后给育雏舍吹入热空气等。寒冷天气通风的时间最好选择在晴天中午前后，气流速度不高于0.2m/s。自然通风时门窗的开启可从小到大最后呈半开状态，开窗顺序为：南上窗→北上窗→南下窗→北下窗→南北上下窗。不可让风对准雏鸡直吹，并防止门窗密闭不严出现贼风。

通风换气除与雏鸡日龄、体重有关外，还受季节、温度变化的影响。表4-5列出了机械通风时雏鸡的通风量。温度高时，通过通风还可以带走多余的水分和热量。

表4-5 机械通风时雏鸡的通风量

外界温度/℃	1周龄/[m³/（只·h）]	3周龄/[m³/（只·h）]	6周龄/[m³/（只·h）]
35	2.0	3.0	4.0
20	1.4	2.0	3.0
10	0.8	1.4	2.0
0	0.6	1.0	1.5
−10	0.5	0.8	1.2
−20	0.3	0.6	0.9

4. 密度 饲养密度是指育雏舍内每平方米地面或笼底面积所容纳的雏鸡数。密度与育雏舍内空气的质量以及鸡群啄癖的产生有直接关系。饲养密度过大，育雏舍内空气污浊，二氧化碳浓度高，氨味浓，湿度大，易引发疾病；雏鸡吃食和饮水拥挤，饥饱不均，生长发育不整齐，若室温偏高，容易引起雏鸡啄癖。饲养密度过小时，房舍及设备的利用率降低，人力增加，育雏成本提高，经济效益下降。各种饲养方式下雏鸡的饲养密度见表4-6。

表4-6 各种饲养方式下雏鸡的饲养密度（只/m²）

周龄	地面育雏	网上育雏	立体育雏
1～2	30	40	60
3～4	25	30	40
5～6	20	25	30

注：立体育雏所指面积是笼底面积。

由表4-6可知，饲养密度随周龄和饲养方式不同而异。此外，轻型品种的密度要比中型品种大些，每平方米可多养3～5只；冬天和早春天气寒冷、气候干燥，饲养密度可适当高一些；夏秋季节雨水多、气温高，饲养密度可适当低一些；弱雏饲养密度宜低些。育雏舍若通风条件不好，也应降低饲养密度。

5. 光照

（1）光照的作用。合理的光照，可以加强雏鸡的血液循环，加速新陈代谢，增进食欲，有助于消化，促进钙磷代谢和骨骼的发育，增强机体的免疫力，从而使雏鸡健康成长。

（2）雏鸡对光照的要求。2月龄以后，雏鸡的性腺发育加快，光照对性腺发育的促进增强，加上现代商品杂交蛋鸡在遗传上有早熟特性，使得性成熟期早于体成熟期，导致母鸡过早开产，产小蛋时间过长，而全年产蛋量不高。因此，必须对光照进行控制，以使性成熟延迟，与体成熟同步，才能提高生产性能。生产上一般从育雏结束后开始控制光照时间和光照度，最迟不超过10周龄。光照时间每天最长不超过12h，最好控制在8～9h。光照度在10lx以下；超过10lx，鸡易惊和互啄，体重下降。

（3）光照制度。对光照时间和光照度的控制非常重要，并已形成制度。光照制度的制定根据鸡舍类型不同而不同。

①密闭式鸡舍。完全依靠人工光照照明，容易控制光照。初生雏最初48h内光照时间保持在23～24h，光照度为20lx，使其易发现水和饲料，便于饮食。从第3天起到第2周末，光照时间逐渐降为每天15h，光照度逐渐降为5lx。第3～18周，光照时间逐渐降为每天8～9h，光照度不变。

②开放式鸡舍。受自然光照影响较大，而自然光照在强度和时间上随季节变动大，如北半球6—7月日照时间为14～15h，而12月至翌年1月约为9h。所以，必须用人工光照对自然光照加以调整和补充，才能适应雏鸡的生长发育。调整和补充时要根据出雏日期、育成期当地日照时间的变化及最长日照时数来进行。北半球在冬至至翌年夏至之间，日照时数呈上升趋势，夏至至8月31日为光照时数下降阶段，有利于育成鸡性成熟的控制，这段时间出壳的鸡称为"适时鸡"；而9月1日至翌年2月28（29）日的鸡的特点是前期光照时数呈下降趋势，冬至后呈上升趋势，会加快育成鸡性成熟而使鸡早熟，不利于生产，故这期间出壳的鸡称为"不适时鸡"。

a. 适时鸡（夏至至8月31日出壳）的光照制度为自然光照制。0～3日龄，每天23～24h，光照度20lx；4日龄至20周龄以后完全采用自然光照。

b. 不适时鸡（9月1日至翌年2月28日出壳）的光照制度。

方案一：恒定光照制，0～3日龄，每天23～24h，光照度20lx；4日龄至20周龄，以该批鸡此期间最长日照时数为光照时间，并恒定不变。自然光照不足时，用人工光照补足。例如，从当地气象站查得这期间最长日照时数为10h，则这期间的光照一直为10h，不足时用人工光照补足。

方案二：渐减渐增制，0～3日龄每天23～24h，光照度20lx；4～7日龄，以出壳至20周龄最长日照时数加7h为这段时间的光照时数；2～20周龄，每周递减23～24min，到20周龄时刚好过渡到自然光照时间。

（4）光照度的掌握。光照度可由照度计测得。怎样安装灯泡才能达到要求的光照度呢？普通灯泡每瓦大约可提供6.15lx的光照度。假设有一个2 000m²的育成鸡场，需光照度10lx，则总共应安装3 252（2 000×10/6.15）W灯泡，如用25W的灯泡，则需130（3 252÷25）个灯泡。安装灯泡的高度一般为2.0～2.4m，灯泡间距一般为3m，安装两列以上的灯泡时要注意交叉排列，使舍内光照度均匀。平时要保持灯泡的清洁，及时换掉坏灯泡；最好加灯罩，可提高光照效率30%～40%。按上述方法，育雏第1周内，可每15m²的鸡舍安装1个40W的灯泡，第2周开始逐渐交错地换用25W的灯泡，进入育成期逐步交错换用15W的灯泡就可以了。

6. 环境 雏鸡抗病力弱，要求育雏舍在开始育雏前要进行彻底的清洗和消毒。在育雏过程中，要经常保持环境清洁卫生，尽量减少雏鸡受病原微生物感染的机会，使其健康地成长。在生产中，往往只注重育雏前的消毒而忽视育雏过程中的环境卫生，应提高警惕。

（二）雏鸡的管理技术

培育好雏鸡，除给予适宜的环境条件外，还要针对不同的饲养方式给予精心管理。

1. 平养雏鸡的管理要点 平养的主要特点是群大，饲养人员与雏鸡直接接触。管理时特别要注意防止温度偏低，雏鸡扎堆和采食不均等。

（1）限制雏鸡的活动范围。为防止雏鸡远离热源而受凉，一般在育雏初期常以热源为中心在周围加一圈护板或护网，高40～50cm，长50～60cm，成条串起，可以通过增减护板条数来调整所围面积，在热源周围60～150cm处围成圈。热源处安一灯泡，使雏鸡对热源的灯光建立条件反射，遇冷即向热源靠近。

护板（网）随鸡龄的增大而逐渐向外扩展，7～10日龄即可撤除。饲养管理过程中要确保护板（网）不倒塌，两侧可用砖块加固。

（2）分群饲养。在较大的平面育雏时，一定要用护板（网）隔离成几个圈，每圈养500～1 000只为宜，弱雏或出雏不整齐时，每群可少养些，最好按出雏时间的早晚分群，并对出壳晚的弱雏给予良好的饲养条件。分群后，便于进行防疫工作，也减少了扎堆造成的伤亡。如果一个育雏舍内不只养一圈鸡，则7～10日龄时不可将护板（网）拿走，而应将护板拉直，继续保持分群状态，网上平养的可将所铺的塑料布拿掉，地面平养的要注意撤换或加厚垫料。

（3）检查温度。育雏面积较大时，温度可能偏低或不均匀，要勤于查看，及时采取局部加温措施。在最初几天内至少每小时要检查一次温度，并观察雏鸡状况。

（4）预防球虫病。垫料平养的雏鸡易患球虫病，笼养鸡也会发生球虫病。一旦患病，会损害鸡的肠道黏膜，妨碍营养吸收，采食量下降，严重影响鸡的生长和饲料转化率。如遇阴雨天或粪便过稀，即应在饲料中加药预防，或在饮水中加入水溶性抗球虫药。如鸡群采食量减少，出现血便，则应立即投药治疗。投药时要注意交叉用药，选用广谱抗球虫药。此外，还要加强管理，严防垫料潮湿，发病期间每天清除垫料和粪便。要求鸡群全进全出，雏鸡和成年鸡分开饲养，鸡舍彻底清扫、消毒后再进鸡，保持环境清洁和干燥，通风良好，给予全价饲料。

（5）防止兽害。舍内所有窗户都应安上铁丝护网，堵死老鼠洞并开展有效的灭鼠工作，以免对雏鸡造成骚乱和伤害。

（6）防异常声响。在鸡舍内不能大声说话，所挂物品一定要挂稳，不能突然掉下来而发出异常声响。饲养操作要轻，严防机动车辆靠近鸡舍。

2. 笼养雏鸡的管理要点 笼养雏鸡不接触地面，饲养密度较大，活动范围较小，要从以下几方面加强管理。

（1）检查育雏笼。在育雏之前必须查看底网是否破漏，笼门是否严实，水槽、料槽是否配齐，粪盘是否放好等。

（2）上笼。将雏鸡运至育雏舍后应尽快入笼。开始时，可将四层笼的雏鸡集中放在温度较高又便于观察的上面一、二层。上笼时先捉壮雏，剩下的弱雏另笼单养，给予良好的饲养条件。上笼之前，在笼内备好水，饮水 3h 后，在笼内放好开食料，3d 之后，在笼门外边加挂料槽，并加满饲料，让笼内雏鸡容易看见。1 周左右，待绝大部分雏鸡转向笼外吃食后，撤除笼内开食器具。

（3）分雏。一般在 10 日龄左右进行，结合预防免疫，将原来集中养在上面一、二层的雏鸡分散到下面两层去。一般是将弱小的雏鸡留在原笼内，较大、较壮的捉到下层笼内。

（4）及时出粪。雏鸡的粪便自然掉在底网下的粪盘内，要及时出粪，以免粪便堆积至底网不利于防病、通风。笼养鸡由于密度高，不良的通风造成的后果更严重。出粪时还要检查粪便情况，如有异常应及时做相应处理。

（5）调整采食幅面。随着雏鸡长大，每隔 5～10d，应根据育雏笼笼门的采食空档调整采食幅面和饲槽高度，使雏鸡能方便地伸颈采食，又不致钻出笼外。

（6）捉回地面雏鸡。由于雏鸡发育不整齐，分雏或其他原因，难免有些雏鸡跑出鸡笼，给卫生和管理带来不便，也易于受寒和发病，应及时将其捉回笼内。可以利用鸡的趋光性和合群性，在夜间开灯撒料，待鸡聚于灯下采食时进行捕捉。

3. 雏鸡的综合管理技术　无论平养还是笼养，除了给雏鸡提供适宜的环境条件外，育雏阶段还要做好以下几方面工作。

（1）及时断喙。断喙的目的是防止啄癖，尤其是在开放式鸡舍高密度饲养的雏鸡必须断喙，否则会造成啄趾、啄羽、啄肛等恶癖，使生产受到损失。断喙对早期生长有些影响，但对成年体重和产蛋无显著影响，并可避免鸡扒损饲料而提高养鸡效益。

原则上断喙在开产前任何时候都可进行，但从方便操作，且对雏鸡的应激较小，重断率低等方面考虑，宜在 7～10 日龄进行。如果有断喙不成功的可在 12 周龄左右进行修整。

断喙前要先确保断喙器能正常工作，准备好足够的刀片，每 3 000 只雏鸡换 1 次刀片；刀片加热到暗樱桃红（约 800℃）时，将雏鸡喙用手固定好放在断喙器两刀片间，用拇指将雏鸡头稍向下按，食指轻压雏鸡咽使其缩舌，将上喙切去 1/2，下喙切去 1/3，灼烧 2s 左右，以止血。注意：不能让上喙长于下喙，这样不方便采食。

断喙时的注意事项：

①断喙前后 2d 不喂磺胺类药物（会延长流血时间），并在水中加维生素 K（每千克水中加入 2mg）。

②断喙时应集中注意力，动作敏捷，切得长度适宜，灼烧后不流血。

③不在气温高和免疫接种时断喙，以免加重应激。

④断喙后饲槽中多加饲料，以减轻啄食疼痛；饮水中添加多维，并避免出现其他应激。

养于密闭式鸡舍的雏鸡，如果有足够的全价饲料、适宜的环境，并严格定时喂料，也可不断喙。

（2）剪冠与截翅。剪冠的做法为许多养鸡场所采用，可以防止因斗架和啄癖而使鸡冠受伤、改善视力、减少冻伤和擦伤。剪冠一般在 1 日龄进行，用眼科剪在冠基部从前向后齐头顶剪去，出血很少。鸡冠有散热作用，一般较热地区不主张剪冠。鸡冠不太发达的蛋鸡也不主张剪冠。

截翅通常在 1～2 日龄进行，用剪刀或其他工具在翅膀肘关节下段截断，然后用烧红的铁条烧烙伤口（用电烙铁也可），一般不会出血。截翅能限制鸡的活动，不乱飞，舍内环境安静，免去了翼羽的生长与脱换，耗料量减少，产肉、产蛋量提高。有试验表明，截翅鸡比对照组产蛋量提高 7%～10%，饲料消耗减少 3%～5%，死亡率减少 1%。

（3）加强日常看护。

首先要检查采食、饮水位置是否够用，高度是否适宜，采食量和饮水量的变化等，以了解雏鸡的健康状况。一般雏鸡减食或不食有以下几种情况。

①饲料质量下降，如发霉或有异味。

②饲料原料和喂料时间突然改变。

③育雏温度波动大，饮水不足或饲料长期缺少砂粒等。

④鸡群发生疾病。如果鸡群饮水过多，常见于饲料中食盐或其他物质含量过高（如使用劣质咸鱼粉）；育雏温度过高或室内空气湿度过低；鸡群发生疾病（如球虫病、传染性法氏囊病等）。当鸡有行动不便（如跛行）、神经症状（如扭脖）、精神不振等症状时，饮水量会下降，而且在采食量减少前 1～2d 下降。注意观察这些细微变化，有助于及早采取措施，减少损失。

饲养人员要经常观察雏鸡的精神状况，及时剔除鸡群中的病、弱雏。病、弱雏常表现出离群闭目呆立、羽毛蓬松不洁、翅膀下垂、呼吸带声等。

每天早晨，饲养员要注意观察雏鸡粪便的颜色和形状是否正常，以便于判定鸡群是否健康。雏鸡正常的粪便应该是：刚出壳尚未采食的雏鸡排出的胎粪为白色和深绿色的稀薄液体，采食以后粪便呈圆柱形、条状，颜色为棕绿色，粪便的表面有白色尿酸盐沉积。有时早晨排出的粪便呈黄棕色糊状，也是正常的。病理状态的粪便有以下几种情况：患肠炎时，排出黄白色、黄绿色附有黏液、血液等的恶臭稀粪，多见于新城疫、禽霍乱、禽伤寒等急性传染病；尿酸盐成分增加，排出白色糊状或石灰浆样的稀粪，多见于雏鸡白痢、传染性法氏囊病等；肠炎、出血，排出棕红色、褐色稀粪，甚至血便，多见于球虫病。

经常观察鸡群中有无啄癖及异食现象，检查有无瘫鸡、软脚鸡等，以便及时了解日粮中营养是否平衡。

（4）测体重与胫长。为掌握雏鸡的发育情况，每 2 周从鸡舍的不同位置随机抽测 5%～10% 的雏鸡（至少 100 只）体重（要在早上空腹称重），与该品种的标准体重相对照，如发现有明显差异，应及时调整日粮与管理措施。对弱小的雏鸡应及时挑出，单独管理。

近年研究表明，鸡的体重和今后生产性能的高低取决于骨骼发育程度，胫长的变化又与整个骨架发育成强正相关，因此可以通过容易测量的胫长来衡量鸡体骨骼的发育。骨骼与体重的生长规律不同，体重在整个育成期逐渐增加；而骨骼在最初 10 周内快速发育，如迪卡白鸡在 8 周龄左右胫长 85mm，已完成骨骼发育的 81.9%，而体重仅完成46.4%，故育雏期胫长指标更为重要。因此，称重的同时应该测量胫长，并与标准比较，对没有达标的雏鸡，找出原因，保证饲料的质量及适宜的环境条件，直到达标后才改喂育成鸡料。

检查骨骼的发育，一般分别在 4 周龄、6 周龄、12 周龄、18 周龄进行，用两脚规或游标卡尺测量胫长，即从跗关节到脚底（第 3 与第 4 趾间）的垂直距离。来航鸡各阶段的体重和胫长见表 4-7。

表 4-7 来航鸡体重和胫长

周龄	4	6	8	10	12	18
平均体重/g	293.97	434.12	607.15	787.89	946.30	1 206.10
平均胫长/mm	52.5	63.8	72.8	80.6	84.6	84.7

（5）雏鸡的疾病预防。雏鸡体小娇嫩，抗病力弱，加上高密度饲养，一般很难达到100％成活。重点应做好以下几方面的防病工作。

①采用"全进全出"的生产制度。整个家禽场或整个鸡舍只养同一批鸡，同时进场（舍），又同时出场（舍），便于彻底清扫、消毒，避免各种传染病循环感染，也能使接种后的家禽获得一致的免疫力，不受干扰。

②引种时防止带入病原。雏鸡和种蛋要来源于健康的种鸡群，而且应来源于相对固定的种鸡场或孵化场，以防将各种病原随雏鸡或种蛋带入场内，导致雏鸡多病，难养。

③搞好环境卫生。经常保持育雏舍内的环境卫生，是养好雏鸡的关键。育雏用具要清洁，饲槽、水槽要定期洗刷、消毒。舍内要经常开窗换气，及时清除鸡粪，更换垫料，特别是饮水器周围容易潮湿的垫料。厚垫料育雏的，要经常翻松垫料，定期补充垫料。

④严格消毒。消毒工作搞不好，饲养雏鸡一批比一批差。每次育雏开始或结束，都必须彻底打扫、清洗和消毒。育雏舍门口要有消毒池，池内交替使用3％～5％来苏儿、2％氢氧化钠溶液等，一般每2d冲刷、更换1次，保持池内消毒液不干。工作人员更衣、换鞋后经消毒池进入鸡舍。饲养员不得在生产区内各禽舍间串门，严格控制外来人员进入生产区。要重视经常性的带鸡消毒及鸡舍周围环境消毒，才能使雏鸡始终处于良好的环境中。

⑤保证饲料和饮水质量。配合饲料要求营养全面、混合均匀，以防雏鸡发生营养缺乏症和啄癖；严防饲料发霉、变质，以免雏鸡中毒。饮水最好是自来水厂的水；使用河水或井水时，要注意消毒，如用漂白粉或每周饮用0.001％的高锰酸钾水1次。

⑥投药防病。在雏鸡的饲料和饮水中均匀添加适量的药物，以预防雏鸡白痢、球虫病等。雏鸡3日龄至3周龄期间，饲料或饮水中要注意添加抗白痢药；15～60日龄时，饲料中要添加抗球虫药，接种疫苗前后几天最好停药。

⑦接种疫苗。适时免疫接种是预防传染病的一项极为重要的措施。育雏期间，需要接种的疫苗很多，必须制定适宜的免疫接种程序。实践中没有一个普遍适用的免疫接种程序，要根据当地禽病流行情况、雏鸡的抗体水平与健康状况，以及疫苗的使用说明等制定适用的免疫接种程序。商品蛋鸡的免疫接种程序见表4-8。

表 4-8 商品蛋鸡的免疫接种程序

鸡日龄	免疫项目	疫苗名称	用法
1	马立克病	火鸡疱疹病毒苗	颈部皮下注射
4	传染性支气管炎	H_{120}	点眼或滴鼻、饮水
10	新城疫	Ⅱ系、Ⅳ系	点眼、滴鼻、饮水
18	鸡传染性法氏囊病	弱毒苗	饮水
28	鸡传染性法氏囊病	弱毒苗	饮水
30	鸡痘	鹌鹑化弱毒苗	翼下刺种

(续)

鸡日龄	免疫项目	疫苗名称	用法
35	新城疫	Ⅱ系、Ⅳ系	点眼、滴鼻、饮水
40	传染性支气管炎	H_{52}	点眼、滴鼻、饮水
45	传染性喉气管炎	弱毒苗	点眼、滴鼻
70	新城疫	Ⅰ系或油苗	肌内注射
120	减蛋综合征	油苗	肌内注射
130	新城疫	Ⅰ系或油苗	肌内注射

接种时注意，同周龄内一般不进行 2 次免疫接种，尤其是接种部位相同时；不可混合使用几种疫苗（多联苗除外），稀释开瓶后尽快用完；若有多联苗可减少接种次数，接种时间可安排在其分别接种的时间的中间；对重点防疫的疾病，最好使用单苗。所有疫苗都要低温保存，弱毒苗一般在 −15℃冷冻，灭活油苗在 2～5℃保存。

⑧合理处理家禽场的废弃物，如孵化废弃物、禽粪、死禽及污水等，使之既不对场内形成危害，也不对场外环境造成污染，最好能够适当利用。

（6）弱雏的护理。在育雏过程中，对弱雏给予精心护理，一般都可成活，从而提高育雏成活率。可以从以下几个方面着手。

①单独饲养。由于弱雏体质差，反应迟钝，必须与壮雏隔离饲养；否则，其采食、饮水及活动都会受到限制，从而加速死亡。

②保持较高温度。弱雏多为胚胎发育滞后、出壳晚及卵黄吸收不良造成的。所以，育雏时要给予较高的温度，有利于促进雏鸡进一步发育完全及卵黄的吸收。一般将弱雏的最初饲养温度保持在 34～37℃，只要雏鸡没有过热行为表现即可，以后每周逐渐下降 1～3℃。

③补充体液。弱雏发育缓慢、生理机能差，加之育雏温度较高失水多，故必须及时补充体液。不能自饮者，应用滴管滴喂，每次 4～5 滴。饮水中加入 5%的糖水及多维素、电解液等。

④合理饲喂。弱雏消化器官发育较差，加之卵黄吸收不完全，开食时间较壮雏要迟，并且第 1 次开食料要少，只要雏鸡会吃就行。对个别不会吃食者，应进行人工饲喂。开食后，要少喂勤添，开始时每天喂 7～8 次，以后 5～6 次。为促进弱雏的消化，可在饲料中添加酵母片，每千克饲料 10～15 片，连用 3～5d；为加强弱雏营养，可按每 100 只雏每天添加 3～5 枚熟鸡蛋拌料，连用 1 周左右；为增强弱雏抵抗力，可及早交替使用抗生素类药物，加强免疫接种工作，特别是要搞好环境清洁及消毒工作。

任务二 育成鸡的饲养管理

一、育成鸡的生理特点及生长发育

（一）育成鸡羽毛更换频繁

禽类羽毛重量占活重的 4%～9%，且羽毛中粗蛋白质含量高达 80%～82%，为肉、蛋的 4～5 倍。育成鸡的羽毛在 7～8 周龄、12～13 周龄和 18～20 周龄要更换 3 次，频繁换羽会给禽类造成很大的生理消耗。因此，换羽期间要注意营养供给，尤其是要保证足够的蛋白质，如含硫氨基酸等。

（二）体温调节机制逐渐健全

育成鸡的体温调节逐渐完善到通过神经反射和体液传递来进行。体温调节途径以羽毛的隔热和呼吸的散热为主。

育成鸡的羽毛逐渐丰满密集而成片状，保温、防风、防水作用强，加上皮下脂肪逐渐沉积、采食量增加、体表毛细血管收缩等，使育成鸡对低温的适应幅度变宽。因此，进入育成期可逐渐脱温。

当气温与鸡的体温一致时，散热只能以水分蒸发的方式进行。水分的蒸发可发生在皮肤的表面和呼吸道。在体温过高的初期，皮肤失水较多，但鸡的皮肤既无汗腺也无皮脂腺（尾脂腺除外）。加上羽毛的覆盖，使皮肤的蒸发散热受到限制。在体温持续过高时，呼吸失水逐渐成为主要的散热方式，因为鸡广泛的气囊系统可以容纳许多空气，一部分参与气体交换，另一部分蒸发冷却以降低体温。此外，增加排泄物也能散热。但鸡的这些散热方式存在生理极限，可能导致心血管衰竭而死亡，故育成鸡的高温应激逐渐明显。

（三）育成鸡的体重增长迅速

育成鸡的骨骼和肌肉生长迅速，脂肪沉积与日俱增。育成期是体重增长最多的时期。特别是育成后期，鸡已具备较强的脂肪沉积能力，如果在开产前后小母鸡的卵巢和输卵管沉积脂肪过多，会影响母鸡卵子的产生和排出，从而导致产蛋率降低或停产。因此，这一阶段既要满足鸡生长发育的需要，又要防止鸡体过肥。

（四）育成中后期生殖系统加速发育

刚出壳的小母鸡卵巢为平滑的小叶状，重约 0.03g。性成熟时，由于未成熟卵子迅速生长，卵巢呈葡萄状，上面有许多大小不同的白色和黄色卵泡，卵巢重 40～60g。输卵管在卵巢未迅速生长前，仅长 8～10cm，当卵泡成熟能分泌雌激素时，输卵管即开始迅速生长，长达 80～90cm，故育成鸡的腹部容积逐渐增大。育成鸡大约在 12 周龄后，性腺发育加快。一般育成鸡的性成熟要早于体成熟，而在体成熟前，育成鸡的生产性能并不好，因此这一阶段既要保证骨骼和肌肉的充分发育，又要适度限制生殖器官的发育并防止过肥，可通过控制光照和饲料，使性成熟与体成熟趋于一致，将有助于提高其生产性能。但在开产前 2 周左右应供给充足的营养，使母鸡有足够的营养储备，使卵巢和输卵管的快速增长得以满足。

（五）其他内脏系统的协同发育

育成鸡的消化机能逐渐增强，消化道容积增大，各种消化腺的分泌量增加，采食量增大，饲料转化率逐渐提高，为其他内脏器官及骨骼、肌肉的发育奠定了基础。

此外，鸡的胸腺和法氏囊从出壳后逐渐增大，接近性成熟时达到最大，使育成鸡的抗病力逐渐增强。

二、高产鸡群的育成要求

（一）高产鸡群的育成标准

高产鸡群的育成期要求未发生烈性传染病，体质健壮，体型紧凑近似 V 形，精神良好，食欲正常，体重和骨骼发育符合品种要求且均匀一致，胸骨平直而坚实，脂肪沉积少而肌肉发达，适时达到性成熟，初产蛋重较大，能迅速达到产蛋高峰且持久性好。20 周龄时，高产鸡群的育成率应能达到 96％。

（二）高产鸡群的育成环境

育成鸡的健康成长与生长发育以及性成熟等都受外界环境条件的影响，特别是现代养禽生产，在全舍饲、高密度条件下，环境问题变得更为突出。

1. 适宜的密度　为使育成鸡发育良好、整齐一致，必须保持适中的饲养密度（表4-9）。密度大小除与周龄和饲养方式有关外，还应根据品种、季节、通风条件等进行调整。

表4-9　育成鸡的饲养密度（只/m²）

周龄	地面平养	网上平养	半网栅平养	立体笼养
6～8	15	20	18	26
9～15	10	14	12	18
16～20	7	12	9	14

注：笼养所涉及的面积是指笼底面积。

2. 适宜的光照　在饲料营养平衡的条件下，光照对育成鸡的性成熟起着重要作用，必须掌握好，特别是10周龄以后，要求光照时间应短于光照阈12h，并且时间只能缩短而不能增加，强度也不可增强，具体的控制方法见上一节"雏鸡的管理"部分。

3. 适当的通风　鸡舍空气应保持新鲜，使有害气体减至最低量，以保证鸡群健康。随着季节的变换与育成鸡的生长，通风量要随之改变（表4-10）。此外，要保持鸡舍清洁与安静，坚持适时带鸡消毒。

表4-10　育成鸡的通风量（1 000只鸡）

周龄	平均体重/g	最大换气量/（m³/min）	最小换气量/（m³/min）
8	610	79	18
10	725	94	23
14	855	111	26
14	975	127	29
16	1 100	143	33
18	1 230	156	36
20	1 340	174	40

三、育成鸡饲养管理技术

（一）育成鸡的饲养技术

1. 换料时间与方法　育成鸡需要的饲料营养成分含量比雏鸡低，特别是蛋白质和能量水平较低，需要更换饲料。当鸡群7周龄平均体重和胫长达标时，即将育雏料换为育成料。若此时体重和胫长达不到标准，则继续喂育雏料，达标时再换；若此时两项指标超标，则换料后保持原来的饲喂量，并限制以后每周饲料的增加量，直到恢复标准为止。育成蛋鸡的体重和耗料量见表4-11。

更换饲料要逐渐进行，如用2/3的育雏料混合1/3的育成料饲喂2d，再各混合1/2喂2d，然后用1/3育雏料混合2/3育成料饲喂2～3d，以后就全喂育成料。

表 4-11　育成蛋鸡的体重和耗料量

周龄	白壳品系		褐壳品系	
	体重/g	耗料量/（g/周）	体重/g	耗料量/（g/周）
8	660	360	750	380
10	750	380	900	400
12	980	400	1 100	420
14	1 100	420	1 240	450
16	1 220	430	1 380	470
18	1 375	450	1 500	500
20	1 475	500	1 600	550

2. 饮食　随着鸡龄的增加，要增大育成鸡的采食和饮水位置，并使料槽和水槽高度保持与鸡背同高。每只鸡所需采食和饮水位置见表 4-12。

表 4-12　每只鸡所需采食和饮水位置（cm）

周龄	采食位置		饮水位置
	干粉料	湿拌料	
7	6～7.5	7.5	2～2.5
8	6～7.5	7.5	2.2～5
9～12	7.5～10	10	2.2～5
13～18	9～10	12	2.5～5
19～20	12	13	2.5～5

3. 阶段饲养　研究者认为，生长早期的后备母鸡对蛋白质和氨基酸最为敏感，接近成熟时，能量显得更为重要，尤其是开产前营养需要量较高，只通过调整采食量很难满足其需要，故必须提高日粮的营养水平。

4. 限制饲养　育成鸡在自由采食状态下都有过量采食而致肥和早熟的倾向，使得开产不整齐和产小蛋的时间长，也影响产蛋持久性。限饲的目的就在于控制鸡的生长，使性成熟适时化和同期化，提高产蛋量和整齐度。另外，还可节省 5%～10% 的饲料。

（1）限饲的常用方法。主要采用限制全价饲料的饲喂量的方法。

每日限饲法：每天减少一定的饲喂量，一般是全天的饲料集中在上午一次性供给。

隔日限饲法：将 2d 减少后的饲料集中在 1d 喂给，让其自由采食，可保证均匀度。

三日限饲法：以 3d 为一段，连喂 2d，停 1d，将减少后的 3d 的饲喂量平均分配在 2d 内喂给。

五二限饲法：在 1 周内，固定 2d（如周三和周六）停喂，将 7d 的饲喂量平均分配给其余 5d。

以上 4 种方法的限饲强度是逐渐递减的，可根据实际情况选择使用，一般接近性成熟时要用低强度的限饲方法过渡到正常采食。

（2）限饲的起止时间。蛋鸡一般从 6～8 周龄开始，到开产前 3～4 周结束，即在开始增加光照时间时结束（一般为 18 周龄）。必须强调的是，限饲必须与光照控制相一致，才能起到应有的效果。

（3）限饲的注意事项。①限饲前要整理鸡群，挑出病弱鸡，清点鸡只数；②给足食槽位置，至少保证80％的鸡能同时采食；③每1～2周在固定时间随机抽取2％～5％的鸡空腹称重；④限饲的鸡群应经过断喙处理，以免发生互啄现象；⑤限饲鸡群发病或处于接种疫苗等应激状态时，应恢复自由采食。

（4）正确掌握喂料量。喂料量可参考本品种和相同体型鸡种的喂料量及其对应的标准体重表进行。整个限饲过程中，饲喂量不能减少，当体重超标时，保持上一次的饲喂量，直到恢复标准再增加饲喂量；当体重达不到标准时，加大饲料增幅，直到达标后，按正常增幅加料。

（5）补充砂粒和钙。从7周龄开始，每周每100只鸡应给予500～1 000g砂粒，撒于饲料上面，前期用量少且砂粒直径小，后期用量大且砂粒直径增大。这样，既能提高鸡的消化能力，又能避免肌胃逐渐缩小。从18周龄到产蛋率5％阶段，日粮中钙的含量应增加到2％，以供小母鸡形成髓质骨，增加钙盐的储备。但由于鸡的性成熟时间可能不一致，晚开产的鸡不宜过早增加钙量，因此最好单独喂给1/2的粒状钙料，以满足每只鸡的需要，也可代替部分砂粒，改善适口性和增加钙质在消化道内的停留时间。

（二）育成鸡的管理技术

1. 适时转群　雏鸡6～7周龄应转入育成舍，炎热季节最好在清晨或傍晚进行，冬季可在晴天中午进行。转群时需做到以下几点：

（1）准备好育成舍。鸡舍和设备必须进行彻底清扫、冲洗、消毒，熏蒸后密闭3～5d再使用。

（2）调整饲料和饮水。转群前后2～3d内增加多种维生素1～2倍或喂饮电解质溶液；转群前6h应停料；转群后，根据体重和骨骼发育情况逐渐更换饲料。

（3）清理和选择鸡群。将不整齐的鸡群，根据生长发育程度分群分饲，淘汰体重过轻、有病、有残的鸡，彻底清点鸡数，并适当调整密度。

（4）临时增加光照。转群当天连续光照24h，使鸡尽早熟悉新环境，尽早开始吃食和饮水。

（5）补充鸡舍温度。育成舍的温度应与育雏舍温度一致，否则，就要补充舍温，补至原来水平或者高1℃。这对寒冷季节的平养育成鸡舍更为重要。如果舍温在18℃以上，可以不加温。

2. 驱虫　地面平养的雏鸡与育成鸡比较容易患蛔虫病与绦虫病，15～60日龄易患绦虫病，2～4月龄易患蛔虫病，应及时对这2种内寄生虫病进行预防，增强鸡只体质和提高饲料转化率。

3. 接种疫苗　应根据各个地区、各个鸡场，以及鸡的品种、年龄、免疫状态和污染情况的不同，因地制宜地制订本场的免疫接种计划，并切实按计划落实。

4. 控制性成熟和促进骨骼发育　现代蛋鸡具有早熟特性，必须将适当的光照制度和育成期限制饲养相结合，才能有效地控制性成熟。同时，要重视育成鸡体重和骨骼的发育，才能有较好的产蛋性能和成活率。

育成鸡的体重和骨骼发育都很重要。若只注重体重而不重视骨骼发育，就必定会出现脂肪过多的小骨架鸡。因此，建议从第4周龄开始，每隔2周进行1次体重和胫骨长测定。

5. 测均匀度　均匀度是育成鸡一项非常重要的质量指标。均匀度与遗传有关，但主要受饲养管理水平影响，可以用体重和胫长 2 个指标来衡量。性成熟时达到标准体重和胫长且均匀度好的鸡群，开产整齐，产蛋高峰高而持久。

均匀度测定方法：从鸡群中随机取样，鸡群越小取样比例越高；反之，越低。如 500 只鸡按 10％取样，1 000～2 000 只按 5％取样，5 000～10 000 只按 2％取样。取样群的每只鸡都称重、测胫长，不加人为选择，并注意取样的代表性。

$$体重均匀度=\frac{平均体重上下10\%范围内的鸡只数}{取样总只数}\times100\%$$

这是体重的 10％均匀度，还有要求得较高的 8％和 5％均匀度等衡量方法。胫长均匀度也依此类推。一般来讲，蛋鸡群中 10％体重均匀度应达 80.5％，胫长均匀度应达 90％。如果鸡群体重和胫长显著偏离标准或均匀度不好，应设法找到原因，以便今后改进，如疾病、寄生虫感染、过于拥挤、高温、营养不良、断喙过度、通风不当等。若均匀度太差，还应分群饲养管理。

任务三　产蛋鸡的饲养管理

蛋鸡饲养管理的中心任务是尽可能消除与减少各种不良影响因素，创造适宜与卫生的环境条件，充分发挥其遗传潜力，达到高产稳产的目的。同时，降低鸡群的死淘率和蛋的破损率，尽可能地节约饲料，最大限度地提高蛋鸡的经济效益。

一、产蛋鸡的饲养方式与密度

（一）饲养方式

蛋鸡的饲养方式分为两大类，即平养与笼养，不同的饲养方式配有相应的设施。平养又分为垫料地面平养、网上平养和地网混合平养 3 种方式。

1. 平养　是指利用各种地面结构在平面上饲养鸡群。一般每 4～5 只鸡配备 1 个产蛋箱；饮水设备采用大型吊塔式饮水器或安装在舍内两侧的水槽或乳头式饮水器等；喂料设备采用吊桶、链式料槽、弹簧式料盘等，后 2 种为机械喂料设备。

平养的优点是一次性投资较少，便于观察鸡群状况，鸡的活动多，骨骼坚实。缺点是饲养密度低，抓鸡较麻烦，需设产蛋箱。

（1）垫料地面平养。分为一般垫料地面平养和厚垫料地面平养。前者夏季铺垫 8cm，冬季为 10cm；后者一般先撒上一层生石灰吸潮，再铺 10cm 厚的垫料，以后局部撒换、加厚，直至 20cm 为止。

这类地面投资较少，冬季保温较好，但舍内易潮湿，饲养密度低，窝外蛋和脏蛋较多。寒冷季节若通风不良，空气污浊，易诱发眼病及呼吸道疾病。

（2）网上平养。离地 70cm 左右，结构与雏鸡的相似，只是网眼大些，一般为 2.5cm×5.0cm，网眼的长边应与鸡舍平行，每 30cm 设一较粗的金属架，防网凹陷。板条宽 2.0～5.0cm，间隙 2.5cm，可用木条、竹片等。近年又出现了塑料板条，坚固耐用，便于清洗消毒，只是造价较高。

这种平养每平方米可比垫料地面平养多养 40％～50％的鸡，舍内易于保持清洁与干燥，鸡体不与粪便接触，利于防病，但轻型蛋鸡易表现神经质，窝外蛋与破蛋较多，有时产蛋率稍低。平时要防饮水器漏水，使鸡粪发酵或生蛆。

（3）地网混合平养。舍内 1/3 面积为垫料地面，居中或位于两侧，另 2/3 面积为离地板条，高出地面 40～50cm，形成"两高一低"或"两低一高"的形式。这种方式多用于种鸡，特别是肉种鸡饲养，可提高产蛋量和受精率。商品蛋鸡很少采用。

2. 笼养 目前，全世界 75% 的商品蛋鸡养于笼内。我国集约化蛋鸡场几乎都采用笼养，小型鸡场也多采用笼养。

（1）笼养的优缺点。优点是笼子可以立体架放，节省地面，提高饲养密度；便于进行机械化、自动化操作，生产效率高；灰尘少，蛋面清洁，一般能避免寄生虫等病原体的危害，降低死亡率；饲料转化率高，生产性能好，就巢性低，吃蛋现象少；便于观察和捕捉。

缺点是笼养鸡易发生挫伤与骨折，易于过肥和发生脂肪肝。

总体上看，笼养利大于弊，经济效益明显。

（2）蛋鸡笼的布置。可分为阶梯式与叠层式。其中，阶梯式又分为全阶梯式与半阶梯式。全阶梯式光照均匀，通风良好；叠层式上下层之间要加接粪板，是随着土地价格上涨发展起来的高密度饲养方式，目前叠层鸡笼已发展到了 8 层。这种鸡笼后网设置有风管，将舍外新鲜空气直接送到每只鸡周围，同时也风干鸡粪，喂料、饮水、集蛋、除粪都实行机械化操作。由于舍内饲养密度加大，必须保证适宜的通风和光照条件。层数越多，对电的依赖性就越强。半阶梯式介于前两者之间，上下笼重叠为 1/2，加接粪板。我国笼养蛋鸡多采用 3 层阶梯式笼具，少数为 2 层和 4 层，随着机械化供料与集蛋的增多，蛋鸡笼有向高层发展的趋势。这样，单位地面上可获得更高的经济效益。

蛋鸡笼的尺寸大小要能满足蛋鸡一定的活动面积、一定的采食位置和一定的高度。同时，笼底应有一定的倾斜度以保证产下的蛋能及时滚到笼外。蛋鸡单位笼的尺寸，一般为前高 445～450mm，后高 400mm，笼底坡度 8°～9°，笼深 350～380mm，伸出笼外的集蛋槽宽为 120～160mm，笼宽在保证每只鸡有 100～110mm 的采食宽度基础上，根据鸡体型加上必要的活动转身面积。为方便运输，笼具一般制成组装式，即每组鸡笼各部分制成单块，附有挂钩，笼架安装好后，挂上单块即成。

（二）饲养密度

蛋鸡的饲养密度与饲养方式密切相关，见表 4‑13。

表 4‑13　蛋鸡的饲养密度（只/m²）

饲养方式	轻型蛋鸡	中型蛋鸡
垫料地面	6.2	5.3
网上平养	11.0	8.3
地网混合平养	7.2	6.2
笼养	26.3	20.8

注：笼养所指面积为笼底面积。

平养蛋鸡还要保证每只 13～14cm 的料槽长度和 6～7cm 的水槽长度，或为每 3～4 只鸡提供一个乳头式饮水器。

二、产蛋鸡的饲养环境

鸡的生产性能受遗传和环境两方面作用，优良的鸡种只是具备了高产的遗传基础，其生产力能否表现出来与环境关系很大。因为标志鸡群生产力的表型性状大多为数量性状，其遗传力只占5%～50%，其余50%～95%取决于环境条件。优良的鸡种在恶劣的环境条件下不能充分发挥高产潜力，只有在适宜环境下才能实现高产。

外界环境因素是变化着的，只要变化是在一定范围内，机体可以进行正常的调节以适应变化的环境；如果环境条件变化过多或过大，超出其适应范围，鸡的生产性能就要受到影响，健康就会受到损害，甚至会导致死亡。特别是现今的生产鸡群高密度饲养，环境对鸡群的生产性能影响更大。因此，了解并研究环境因素对鸡的影响，尽可能将环境改善到适宜的程度，已是现代养鸡必不可少的科学管理内容之一。

（一）温度

温度对鸡的生长、产蛋、蛋重、蛋壳品质、受精率与饲料转化率都有明显影响。成年鸡的适温为5～28℃；产蛋适温为13～25℃，其中13～16℃时产蛋率较高，15.5～25℃时料蛋比较低。气温过高、过低对产蛋性能都有不良影响。

1. 高温

（1）蛋鸡在高温下的表现。气温高时，鸡站立，张翅或垂翅，甩水于冠，皮肤血管扩张增加散热；同时采食量下降，减少产热；蒸发散热比例逐渐增加，呼吸浅而快，鸡大量饮水以补充呼吸和排泄所失掉的水分。高温加重了鸡的生理负担，对产蛋性能也造成极大影响，引起产蛋率下降，蛋形变小，蛋壳变薄变脆，表面粗糙。一般认为，蛋鸡经常处于22℃时易引起蛋重下降，蛋壳变薄；经常处于29℃以上，产蛋量会下降。研究发现，32℃时的产蛋率较21℃时下降7.4%，蛋重减轻5.7%。据统计，在25～30℃，每升高1℃，产蛋率下降1.5%，蛋重减轻0.3g/个；在30℃以上时，产蛋率急剧下降。气温高达37.8℃时，鸡就有发生热衰竭的危险（热带家禽除外），尤其是笼养蛋鸡，高温时完全被热空气包围而无处躲藏，若无有效的降温措施，则死亡率更高。夏季应尽量让舍温保持在30℃以下。

高温对产蛋的影响因品种和年龄等不同而不同，气温32.2℃对白来航鸡的产蛋量影响较小，而洛岛红鸡的产蛋量则显著下降，即轻型蛋鸡较中型蛋鸡耐高温。月龄较大的鸡，对高温更敏感，其产蛋率和蛋壳质量下降较为严重。

（2）蛋鸡高温应激的机制。高温使产蛋率下降，可能是高温时鸡减少通过卵巢的血流量（血液更多地流向体表散热），使成熟卵泡较少所致。此外，高温时鸡的采食量下降，体重减轻，体脂大量丧失，合成脂类和蛋白的能力也下降，使含脂很多的蛋黄变小，比蛋白减少更为严重，所以蛋重减轻。蛋壳质量不良是由于高温时血钙水平和HCO_3^-浓度降低，并且流经卵巢和输卵管的血流量相对减少所致。所以，夏季应加强防暑降温工作。

（3）鸡舍的防暑降温。

①屋顶和墙壁的隔热。如选用隔热材料，设置空气隔热层，刷白外表面。

②鸡舍的建筑设计。为了获得良好的通风效果，鸡舍要建在开阔地带；鸡舍朝向要合理，利于冬季采光，夏季避光，又使夏季主风能进入鸡舍；鸡场建筑物布局要合理，如呈品字形排列，舍间距要大于屋顶高度的4～6倍；鸡舍的通风口、窗户设置合理，分布均匀；

适当增大鸡舍的高度（炎热地区应保持在3m），减少跨度（最好不超过9m；否则，应考虑机械通风）。

③鸡舍遮阳。采用不影响通风的措施，如加长屋檐、设置遮阳板、种树遮阳，或利用藤蔓植物形成绿荫棚。

④加大通风量。如安装排风扇。当气温升高，通过加大通风量已不能为蛋鸡提供一个舒适的环境时，应利用水分蒸发降温。

⑤风机湿垫降温。适用于密闭式鸡舍。用麻布、刨花或蜂窝状纸帘等吸水、通气材料做成蒸发垫，安装在进风口上，由水管不断向蒸发垫上淋水，排风机安装在鸡舍的另一端，靠负压使空气经过湿垫进入鸡舍。其降温效果受空气湿度的影响大，空气湿度越大，降温效果越差，故我国北方地区使用较多。一般湿垫面积大，通风量大，风速慢，水温低，降温效果好。

⑥喷雾降温。天气炎热时，开放式鸡舍可采取屋顶喷水（安装循环喷洒器）降温，此法主要用于屋顶隔热能力较差的鸡舍，北方干燥地区可利用舍内喷雾消毒系统来降温。目前，我国已有鸡舍专用的喷头及装置。从长远看，最好使用风机湿垫降温系统，使进入鸡舍的空气通过湿垫的蒸发吸热而降温。

⑦喂料和饮水的改变。在饲料或饮水中加入抗热应激的物质，如0.02%～0.03%的维生素C和0.5%NaHCO$_3$。保证清洁凉爽的饮水，鸡的排泄物和呼出的水蒸气也能带走大量热量；调整饲喂时间，在清晨和傍晚气温较低时投料，若能以颗粒饲料代替粉状饲料则更好。

⑧适当降低饲养密度。鸡的体温高达42℃，每只鸡都是一个发热体，降低密度就降低了鸡舍的产热量。

2. 低温 气温低时，鸡缩成一团并扎堆以减少散热面积，皮肤血管收缩，采食量增加，产热量增加，并通过肌肉颤抖生热。在持续下降的低温环境中，鸡产热量最大值可比正常情况大3～4倍。

研究表明，温度低于16℃时，饲料转化率开始下降。一般在5～10℃时，鸡采食量最高；在0℃以下时，采食量也减少，体重减轻，产蛋量下降；当气温降到-9～-2℃时，鸡因寒冷而感不适，难以维持正常体温和产蛋高峰；若降到-9℃以下，鸡活动迟钝，产蛋率进一步下降；降到-12℃时冠与肉垂会冻、停产。因此，要重视蛋鸡的冬季保温，严冬时使舍温不低于8℃较好。蛋鸡一般采取笼养，饲养密度较大，只要屋顶和墙壁隔热性能良好，在我国的气候条件下就能够满足产蛋鸡的需要。

总之，应尽可能避免高温和低温，使产蛋鸡处于适宜环境温度下，才能有较好的产蛋性能。相比较而言，高温对蛋鸡的影响大于低温，因此夏季的防暑降温工作很重要。

（二）湿度

1. 适宜的湿度 湿度与正常代谢和体温调节有关，湿度对家禽的影响大小往往与环境温度密切相关。产蛋鸡适宜的相对湿度为50%～70%，如果温度适宜，相对湿度低至40%或高至72%，对家禽均无显著影响。试验表明，舍温分别为28℃、31℃、33℃，相应的相对湿度分别为75%、50%、30%时，鸡产蛋的水平均不降低。

2. 高湿对产蛋鸡的影响 鸡体通过呼吸与排泄不断地排出水分。据测定，1 000只蛋鸡在舍温12.8℃时，每小时可排出水分10.5kg，再加上通风不良，特别是高密度饲养时，鸡舍易于潮湿。高温高湿环境下，舍内微生物增多，室内闷热，对产蛋鸡大为不利；低温高湿时，鸡体会失热过多，饲料转化率降低，舍温骤然下降时，水汽凝聚会使鸡舍更加潮湿。由此可见，防止蛋鸡舍过湿是一项非常重要的管理工作。

3. 防湿的方法 对开放式鸡舍，位置向阳，地势较高，采用排水良好的水泥地面，通风良好情况下都不致过湿。对密闭式鸡舍，如遇湿度偏高，可以在保持较为合适的温度下加大通风来排湿，严防供水系统漏水，或改长流水或水槽为乳头式饮水器等。垫料地面平养的蛋鸡舍应加强垫料的管理，采取添加或撤换垫料等方法。在任何时候，都要使蛋鸡舍的粪便干燥，才不致散发臭味。

（三）通风

1. 通风的作用 通风是调节禽舍空气状况最主要、最常用的手段，舍内通风换气的效果直接影响舍内温湿度以及空气中各种有害物质的浓度。近年来，蛋鸡场的规模越来越大，且多采用高密度饲养，为保持适宜的环境条件，必然更加重视通风换气。如果舍内空气污浊，必然会不同程度地影响蛋鸡的生存和生产。通风换气的目的在于减少舍内空气中有害物质，如 NH_3、H_2S、CO_2、粪臭素、灰尘、微生物，使舍内空气清新，供给鸡群足够的氧气，同时还可调节舍内温度和湿度。在干燥地区或季节，通风起到的排湿作用较大；在舍内温度高于舍外温度时，通风可以排出舍内余热，保持舍内适宜的温度；在冬季，为了保温，常忽视通风换气，而长期通风不良对产蛋鸡的不利影响往往超过低温的影响，故在生产中要重点解决冬季鸡舍保温与通风的矛盾，这一点对密闭式鸡舍尤为重要。

2. 通风量 密闭式蛋鸡舍一般采用机械通风，其通风量见表4-14。

表4-14 蛋鸡的通风量 $[m^3/(只 \cdot h)]$

气温	体重					
	1.6kg	1.8kg	2.0kg	2.2kg	2.4kg	2.6kg
0℃	2.28	2.64	2.88	3.12	3.42	3.72
5℃	2.94	3.36	3.72	4.02	4.38	4.80
10℃	3.60	4.08	4.50	4.92	5.34	5.88
15℃	4.26	4.80	5.34	5.82	6.30	6.90
20℃	4.92	5.52	6.12	6.72	7.26	7.98
25℃	5.52	6.30	6.72	7.56	8.22	9.00
30℃	6.18	7.02	7.74	8.46	9.18	10.08
35℃	6.84	7.74	8.58	9.36	10.14	11.10
40℃	7.50	8.46	9.36	10.26	11.10	12.18

要使蛋鸡舍内空气新鲜，CO_2 不应超过0.15%，H_2S 不超过 $10mg/m^3$，NH_3 不超过 $20mg/m^3$。

（四）光照

1. 光照的作用与要求 光照对蛋鸡的性成熟、产蛋量、蛋重、蛋壳厚度、蛋形成时间及产蛋时间等都有影响。在密闭式鸡舍内，不管自然光照如何，母鸡产蛋绝大部分集中在开始人工光照后的 2～7h 内（表 4-15）。

表 4-15 开始光照时间与产蛋分布

开始光照后/h	1	2～3	4～5	6～7	8～9	10～11
约占日产蛋总数/%	很少	40	30	20	10	很少

蛋鸡每天光照 16h 较好，每天光照时数超过 17h，对产蛋还有一定抑制作用。光照度在 20lx 以下时，产蛋量随光照度的增大而增加；在 20～40lx，产蛋量变化不明显；超过 40lx，鸡的死淘率增加，从而影响总产蛋量（表 4-16）。

表 4-16 光照度与产蛋量的关系

光照度/lx	45 周龄产蛋量/（个/只）	光照度/lx	45 周龄产蛋量（个/只）
0.1	208	3.8	233
0.2	221	5.8	240
0.3	223	8.7	237
0.9	222	19.7	242
1.2	223	28.2	242
1.7	231	42.8	240

2. 光照的过渡 由于育成鸡的光照时间较短，强度较弱，需要逐渐增加光照时间和强度才能满足产蛋鸡需要。开放式鸡舍和密闭式鸡舍的处理方式有些差异。

（1）开放式鸡舍。

①光照时间的过渡。若 20 周龄时光照时数为 12h，则每周增加 20min，到产蛋高峰时（约 32 周龄）达到 16h，以后维持不变。若 20 周龄时光照时数在 14h，则以后每周增加光照时间约 15min，至 28 周龄时达 16h，以后保持不变。总之，要逐渐增加光照时间，使产蛋鸡从产蛋高峰起每天得到 16h 光照。

②光照度的过渡。在晴朗的夏天，开放式鸡舍内的光照度可达 100～550lx，大大超过标准，对蛋鸡的生产和生活不利。因此，应在保证通风换气条件下采取遮黑措施，使光照度不超过 40lx。人工补光时，一般光照度为 20～40lx。

从育成期过渡到产蛋期，光照度应有过渡：如在每列鸡笼上方安装两组灯泡，光照时间要求 12～16h，只开单组灯泡，光照度要求大时，两组同时打开；或者逐步交错改换灯泡大小以控制光照度；或者均匀安装瓦数较大的灯泡，通过调节电压来控制光照度。

（2）密闭式鸡舍。20 周龄时光照时间为 8h，转入蛋鸡舍后 21～26 周龄每周增加 1h 光照，27～32 周龄每周增加 20min 光照，到 32 周龄时达到 16h，以后一直保持不变。或者 21～24 周龄每周增加 1h 光照，25 周龄起每周增加 30min，至 32 周龄时达 16h。光照度为 10lx 即可。

若鸡群从密闭式育成舍转入开放式蛋鸡舍，当自然光照时间不足 12h 时，应立即给予 12h 光照；当自然光照长于 12h 时，以后每周增加 30min 直到 16h 为止。

（3）增加光照时间应注意以下几点。

①如蛋鸡生长发育较差，体重较轻，可推迟 1 周增加光照时间。

②要在增加光照时间前 1～2 周增加饲料喂量，并在开始增加光照时，换用蛋鸡料。

③不宜一次过多地增加光照时间，尤其是临近开产时；否则，会引起产蛋鸡泄殖腔外翻，出现啄肛现象。

④人工补光应在早、晚分别增加。阴天时，可在白天延长人工光照；气温极高时，应在一天中气温较低时增加光照并投料。

⑤开关灯时最好用变阻器控制，使灯光由弱渐强、由强渐弱；或先关单数灯泡开关，后关双数灯泡开关，以免产生光照应激。

此外，产蛋鸡的饲养环境还要求安静，选择远离铁路、机场、交通主干道处建场，减少舍内工作发出的声响，严格控制机动车辆入场。据研究，每天发生噪声 72～166 次，强度在 110～120dB，经 2 个月，来航鸡的产蛋率与蛋重分别下降 4.9％与 1.4g，软壳蛋与蛋内血斑率增多。噪声标准常参考人的，即不超过 85dB。

蛋鸡的饲养环境还要求清洁卫生，必须在转入产蛋鸡之前对鸡舍及设备进行彻底清洗和消毒；加强门卫制度，闲杂人等不得入场。

三、产蛋各期的饲养管理

（一）开产前后的饲养管理

开产前后是指 18～25 周龄这一段时间，这是青年母鸡从生长期向产蛋期过渡的重要时期，因此饲养管理上需采取一些措施，以利于母鸡很好地完成这种转变，为今后的高产做好准备。

1. 适时转群　产蛋鸡舍经过彻底清洗、修补和消毒后，可以转入 17～18 周龄的青年母鸡，最迟不超过 20 周龄。这时母鸡还未开产，有一段适应新环境的时间，对培养高产鸡群有利；否则，转群过晚，由于鸡对新环境不熟悉，会出现中断产蛋的情况，以致影响和推迟产蛋高峰的到来，甚至影响其最终生产成绩。

转群前要准备充足的饮水和饲料，使鸡到产蛋舍就能吃到水和料。转群时注意天气不应太冷或太热，冬天尽量选择晴天转群，夏天可在早晚或阴凉天气进行。抓鸡要抓双脚，不要捉颈或翅，且轻捉轻放，以防骨折和受到惊吓。同时，转群过程中要逐只进行选择，严把质量关，把发育不良的、病弱的鸡淘汰掉，断喙不良的鸡也要重新修整，并记录鸡数。转群是一项工作量大、时间紧的任务，可以把人员分成抓鸡组、运鸡组和接鸡组 3 组，把工作人员基本固定在所管理的鸡舍内工作，可以提高工作效率，避免人员交叉感染。

转群后，饲喂次数增加 1～2 次，不能缺水。由于转群的影响，鸡的采食量需 4～5d 才能恢复正常。要勤于观察鸡群的动态，处理突发事件，特别是笼养鸡，防止挂头、别脖、扎翅等伤亡事故，跑出笼外的鸡要及时捉回笼内。

2. 满足开产前的营养需要　开产前 3～4 周内，鸡体内合成蛋白量与产蛋高峰期相同，因为这个时期母鸡的卵巢和输卵管都在迅速增长，体内也需有些储备。因此，此时应喂给母鸡较高营养浓度的饲料，与产蛋高峰期相同（钙除外）。此时，饲料中钙含量应增加到 2％，20 周龄时，再将钙的水平提高到 3.75％。这样，可以避免蛋壳质量不佳，也可防止一些早熟的母鸡为多摄取钙质而过量采食致肥的现象。

3. 增加光照时间和光照度　各种光照制度多少有些差别，不管原来是自然光照，还是人工光照，一般应在 19～20 周龄开始增加光照时间和光照度。并且，光照控制必须与日粮调整相一致，才能使母鸡的生殖系统与体躯协调发育。如果只增加光照不改变日粮，会造成生殖系统发育过快；如果只改换日粮不增加光照，会使鸡体积累过多脂肪。

4. 准备产蛋箱　在平养鸡群开产前2周，要放置好产蛋箱，否则，会造成窝外蛋现象。一般每4～5只母鸡放1个产蛋箱，每4～6个产蛋箱连成一组。箱内铺垫草，要保持清洁卫生。产蛋箱的规格不可太小，应能让鸡在箱内转身自如，一般长40cm，宽30cm，高35cm。产蛋箱宜放在墙角或光线较暗处。

5. 保持鸡舍安静　鸡性成熟时是其新生活阶段的开始，特别是平养蛋鸡产头两个蛋的时候，精神亢奋，行动异常，高度神经质，容易惊群，应尽量避免惊扰鸡群。

（二）产蛋高峰期的饲养管理

现代高产蛋鸡多在28周龄左右达到产蛋高峰，在其前后约有10周时间（即从产蛋第7周到第17周），产蛋率在90%以上。这期间是鸡的高产阶段，其中相当一部分鸡每天产蛋，且母鸡体重仍在增加。据测定，在开产后的8～9周内，每只来航蛋鸡每天平均增重约5g，鸡群的产蛋率上升也很快，每周增长1倍左右。因此，要做好以下饲养管理工作。

1. 充分满足母鸡的营养需要　高峰期前产蛋量呈跳跃式上升，增长很快，并且体重仍在增加，要特别注意供给优良的、营养完善而平衡的高蛋白、高钙日粮，千方百计满足鸡群对维生素A、维生素D_3、维生素E等各种营养的需要，并保持饲料配方稳定。这个阶段蛋鸡基本上能根据能量需要来调节采食量，应让其自由采食，并随产蛋率的增加逐渐增加喂饲量和光照时间（到16h为止），饲喂量的增加要在产蛋量上升之前进行。当产蛋率下降时，减少饲喂量要缓慢，并在产蛋下降之后进行。

2. 加强卫生防疫工作　处于生长与生产阶段的鸡群，抵抗力较弱，易感染疾病，因此要特别注意环境卫生，避免鸡群受到病原微生物的侵袭。

3. 减少鸡群应激　在产蛋高峰期间，鸡已经受到相当大的内部应激，如再采取能形成外部应激源的措施（如并群、驱虫、防疫等），会使鸡群处于多重应激下，易使产蛋高峰急剧下降，以后一般恢复不到原来的水平，最多只能恢复到该周龄产蛋曲线的高限，使产蛋量大幅度降低。减少应激的具体措施：

（1）保持各种环境条件（温度、湿度、光照、通风等）尽可能适宜、稳定或渐变。

（2）注意天气预报，及早预防热浪与寒流，采取有效的降温防寒措施。

（3）按常规进行日常的饲养管理，使鸡群免受惊吓。

（4）群的大小与密度要适当，提供数量足够、均匀放置的饮水、饲喂设备等。

（5）接近鸡群时要给予信号，捕捉时轻捉轻放，尽可能在弱光下进行。

（6）尽量避免连续进行可引起家禽骚乱不安的操作。

（7）谢绝参观者入舍，特别是人数众多或奇装异服者。

（8）不喂给影响产蛋的药物（如磺胺类药物）；预知家禽处于不良环境时，应在饲料中添加电解多维。

总之，这个阶段要保证满足鸡群高产的营养需要和环境条件，保证鸡群健康、高产和稳产，使产蛋高峰能维持得长一些，下降得缓慢些。

（三）产蛋后期的饲养管理

产蛋后期一般是指43～72周龄。该阶段鸡的产蛋率每周下降1%左右，蛋重有所增加，同时鸡的体重几乎不再增加，要做好以下几方面工作。

1. 调整日粮组成 参照各类鸡产蛋后期的饲养标准进行，一般可适当降低粗蛋白质水平（降低 0.5%～1%），能量水平不变，适当补充钙质，最好采用单独补充粒状钙的形式。这样，既可降低饲料成本，又能防止鸡体过肥而影响产蛋。

2. 限制饲养 轻型蛋鸡采食量不多，又不易过肥，一般不进行限饲，只调整日粮组成即可；中型蛋鸡饲料消耗过多，要进行限饲才有利于产蛋。

可根据母鸡的体重和产蛋率进行限饲，要十分慎重，因为高产鸡对饲料营养的反应极为敏感。通常在产蛋后期每隔几周要抽测体重或产蛋率下降幅度来确定是否继续限饲。限饲的具体方法：从产蛋高峰后第 3 周开始，将每 100 只鸡的每天饲料摄取量减少 220g，连续 3～4d。假如饲料减少未使产蛋量比标准产蛋量降得更多，则继续重复进行减料。只要产蛋量下降正常，这一减料方法可一直持续下去。如果产蛋量下降异常，应立即恢复前一喂料量。当鸡群受应激或天气异常寒冷时，恢复原来的喂料量。

一般情况下，此期的饲料减量控制在 8%～9%。由于影响耗料量的因素很多，在实践中难以掌握给多少料才能达到 8%～9% 的减料水平。可以安排一小群母鸡自由采食，每周测一次这群母鸡的平均每天耗料量，在下一周每天给其余限饲母鸡减料 8%～9%。以后每周照此方法重新计算并调整就可以了。

随着养鸡科技的进展，蛋用型鸡产蛋期限饲的实用意义日趋明显，在省料的同时，料蛋比也有所改善，同时可以维持适宜的产蛋体重，有利于发挥生产潜力，增加产蛋量，降低产蛋期死淘率。

3. 淘汰不产蛋鸡 目前，生产上的产蛋鸡大多只利用 1 年，在产蛋 1 年后，或自然换羽之前就淘汰，这样既便于更新鸡群和保持连年有较高的生产水平，又利于省饲料、省劳力、省设备。许多鸡场（特别是个体户）也有采用淘汰提前换羽和低产的母鸡，留下高产母鸡，再养一段时间或 1 年。

区别提前换羽和低产鸡，可注意观察鸡的头部，低产鸡一般冠小、萎缩、粗糙而苍白；如日粮中含有黄玉米，则低产鸡眼圈与喙呈黄色。当发现料槽中或粪板上有羽毛时，可检查鸡体，如主翼羽已脱换，且耻骨变粗糙，间距缩小，即为早换羽的停产鸡，都应淘汰。另外，对一些体小身轻、过于肥大、已瘫痪或有肿瘤的鸡，也应及时淘汰。

4. 增加光照时间 在全群淘汰之前的 3～4 周，可适当地逐渐增加光照时间，可刺激多产蛋。

四、蛋鸡的日常管理

鸡舍的日常管理工作除喂料、拣蛋、打扫卫生和进行生产记录外，最重要的工作是观察和管理鸡群，掌握鸡群的健康及产蛋情况，及时准确地发现问题和解决问题，保证鸡群的健康和高产。

（一）观察鸡群

1. 观察鸡群的精神状态和粪便情况 清晨开灯后随时注意观察，若发现病鸡应及时挑出隔离饲养或淘汰；若发现死鸡尤其是突然死亡且数量较多时，要立即送兽医确诊，及早发现和控制疫情。

2. 观察鸡群的采食和饮水情况 喂料给水时，观察饲槽、水槽的结构和数量是否能满足产蛋鸡的需要。每天应统计耗料量，发现鸡群采食量下降时，都应及时找出原因，加以解决。对饮水量的变化也应重视，往往是发病的先兆。

3. 观察脱肛、啄肛现象 多数鸡开产后，应注意观察有无脱肛、啄肛现象，及时将啄肛鸡和被啄鸡分开，并对受伤的鸡进行治疗。

4. 观察有无意外伤害 及时解脱挂头、别脖、扎翅的鸡，捉回出笼的鸡；发现好斗的鸡及受强鸡欺压不能正常采食、饮水、活动的弱鸡，及时调整鸡笼，避免造成损失；防止飞鸟、老鼠等进入鸡舍引起惊群、炸群和传播疾病。

5. 观察鸡群有无生长异常 由于人工调节环境及饲料营养不良等原因，可能引起鸡群生长异常，应采取有效措施进行调节。对发育不良的鸡和产蛋高峰后鸡冠萎缩、发白的鸡，加喂微量元素和维生素 E 等，促进早日开产和恢复产蛋。对于 7 月龄左右仍未开产或加喂多维及微量元素等 1 个月后仍未恢复产蛋的鸡，通过产蛋记录（1 周）核实后进行淘汰。

6. 观察有无呼吸道疾病 观察鸡有无甩鼻、流涕行为，听鸡有无呼吸道所发出的异常声响，如呼噜、咳嗽、喷嚏等，尤其是夜晚关灯后听更好。若有必须马上挑出，并隔离治疗，以防疾病传播。

观察鸡群健康与否，可从精神、食欲、粪便、行为表现等方面加以区别。健康鸡活泼、食欲旺盛、站立有神、行走有劲、羽毛紧贴、翅膀收缩有力、尾羽上翘、冠髯红润；粪便较干，呈盘曲圆柱状、灰褐色，表面覆盖着一层白色尿酸盐。病鸡精神沉郁、两眼常闭、羽毛松弛、翅尾下垂、食欲差或无；冠苍白或紫黑色，常伏卧；呼吸带声，张嘴伸脖，有的口腔内有大量黏液，有的嗉囊充气，有的腹部肿胀发硬，有的体重极轻，龙骨呈刀状突起；有的肛门脏污，粪便稀薄，呈黄绿色或灰白色或带血。

总之，观察管理蛋鸡的内容很多，在饲养实践中，凡是影响鸡群正常生活、生产的情况，均属观察管理的内容。

（二）保持稳定、良好的环境

蛋鸡对环境变化非常敏感，轻型蛋鸡尤为神经质。环境的突然改变，如高温、断喙、接种、换料、断水、停电等，都可能引起鸡群食欲不振、产蛋量下降、产软壳蛋、精神紧张，甚至乱撞引起内脏出血而死亡。这些表现往往需要数日才能恢复正常，因此稳定而良好的环境对产蛋鸡非常重要。

为了创造稳定而良好的环境，必须严格制定和认真执行科学的鸡舍管理程序，保证适宜的环境条件（温度、光照、通风等）和饲喂条件（定时定量喂料、饮水），饲养操作动作要轻，人员固定，按作业日程完成各项工作：如定时开关灯、按时喂料、拣蛋、打扫卫生等。此外，还要保持环境卫生，进鸡前，做好鸡舍、所有设备用具及周围环境的消毒；进鸡后，要经常进行各项清洁卫生及带鸡消毒工作；要求工作人员进场时必须通过消毒池，有条件的最好淋浴更衣，一定要穿工作服上班，不能在生产区内各禽舍间串门；妥善处理病死鸡（焚烧、深埋等），管理好粪便及污水，防止环境污染。

（三）做好生产记录

要管理好鸡群，就必须做好鸡群的生产记录，如表 4‑17 所示。其中，某些项目，如死亡数、产蛋量、耗料量、舍温、防疫、投药等必须每天（次）记录。通过这些记录，可以及时了解生产、指导生产，发现问题、解决问题，这也是考核经营管理效果的重要根据。鸡群有调整时，做好调整记录。此外，还要做好鸡舍的物资领用记录。

表4-17　产蛋鸡舍鸡群生产情况一览表

鸡种　　　　第　　舍　　　　　　　　　饲养员　　　　　　　年　　月

日期	周龄	日龄	当日存栏量/只		减少鸡数/只							产蛋数/个	破蛋数/个	耗料量/kg	备注(温度、湿度、防疫等)
			公	母	病死	压死	兽害	啄肛	出售	其他	小计				

(四) 防止饲料浪费

蛋鸡饲料成本占总支出的 $60\%\sim70\%$，节约饲料能明显提高经济效益。饲料浪费的原因是多方面的，防止饲料浪费的措施主要有以下几方面。

(1) 保证饲料全价合理，既不缺少也不多给。饲料营养不全面是最大的浪费。

(2) 饲料保存要避光、防潮、防虫害鼠害。因为日光直射可使饲料脂肪氧化，破坏一些维生素 A、维生素 E、核黄素等。饲料库和鸡舍不能有甲虫类和鼠类，否则，会吃掉大量饲料，还会传播疾病。

(3) 料槽的构造和高度要合适。槽底最好是平的，底板与侧板要成直角，槽边沿内卷，防止鸡将饲料钩到外面去。饲槽高度要与鸡背高度一致，方便鸡采食又不致将饲料钩到槽外。饲槽有损坏时，要及时修补或更换。

(4) 饲料形状和添料方法要合理。粉状饲料不能过细，以鸡不挑食为原则；否则，易造成采食困难并"料尘"飞扬。每次添料不能超过料槽容量的 1/3，避免因添料过满而造成饲料浪费。

(5) 采用高质量的喂料机械可节省饲料。

(6) 及时淘汰低产鸡和停产鸡。

(7) 给鸡断喙、切翅也能防止饲料浪费。

(8) 科学管理员工。如采取"在保证产蛋量的前提下，节约饲料有奖励"的承包责任制。

生产实践证明，不少养鸡场的饲料浪费的确是一个值得注意、并应认真解决的问题。

(五) 保证水质及全天供水

水是鸡生长发育、产蛋和健康所必需的营养，但在大群生产中往往被忽视（尤其是水质）。从日常管理来说，必须确保水质良好的饮水全天供应，每天清洗饮水器或水槽。产蛋鸡的饮水量随气温、产蛋率和饮水设备等因素不同而异，每天每只鸡的饮水量为 $200\sim300mL$。有条件的最好用乳头式饮水器。

(六) 拣蛋

拣蛋的起止时间必须固定，尤其是截止时间，不可任意推后和提前。拣蛋时要轻拿轻放，尽量减少破损，全年破损率不得超过 3%。每天上午、下午各拣 1 次（产蛋率低于 50%

时，每天可只拣 1 次）。拣蛋时要做好以下工作。

1. 将蛋分类、计数、记录、装箱 把好蛋、沙皮蛋、流清蛋进行分类、计数、记录，有时还需要把好蛋装箱，并标明装箱日期及装蛋人姓名。

2. 破蛋、空壳蛋禁止直接喂产蛋鸡 破蛋、空壳蛋禁止直接喂产蛋鸡，以免母鸡养成偷吃鸡蛋的习惯。

3. 及时处理脏蛋 脏蛋要及时处理，但不能用水洗，以免污水渗入蛋壳内不易保存，引起变质。

4. 尽量减少脏蛋和破蛋 饲养管理过程中要想办法减少脏蛋和破蛋，如避免笼内积粪，预防鸡消化道、生殖道疾病以及传染性支气管炎等呼吸道疾病；保持鸡舍环境适宜、安静；保证饲料中钙、磷和维生素 D_3 的含量及适宜的钙磷比例；改进鸡笼结构，减少笼底金属丝对蛋的损害（如镀塑或铺上一层塑料网垫）；保证笼底有必要的倾角，使产出的蛋能及时滚出，以防母鸡踩坏；在采集、运输时轻拿轻放，防止震动过大。

（七）季节管理

1. 冬季管理 冬季气温低、光照短，要注意防寒保暖和补充人工光照（天气阴暗的白天也应开灯），使舍温不低于 8℃。有条件的可加设取暖设备，条件差的要关紧鸡舍门窗，在南面留几扇窗户换气，晴天中午换气时间可久些，以免有害气体积留舍内。此外，还可适当提高日粮能量水平，增加饲喂量。

2. 春季管理 春季气候变暖，日照时间延长，是鸡群产蛋量上升的阶段，也是微生物大量繁殖的季节。所以，管理上要提高日粮营养水平以满足产蛋需要，并加强卫生防疫工作。在气温尚未稳定的早春，要注意协调保温与通风之间的矛盾。

3. 夏季管理 夏季气温较高，日照时间长，管理上要注意防暑降温，最好控制在 27℃以下，并降低开放式鸡舍的光照度，想办法促进鸡采食。此外，要做好经常性的灭鼠和灭蝇工作，减少疾病传播和饲料浪费；要注意防止鸡虱、羽螨的繁殖和传播。

4. 秋季管理 秋季天气渐凉，昼夜温差较大，日照渐短，要注意补充人工光照。早秋天气闷热，雨多潮湿，白天要加大通风量排湿，饲料中经常投放预防呼吸道疾病和肠道疾病的药物。开放式鸡舍要做好夜间保温工作，适当关闭部分窗户。对于秋天进入产蛋高峰的鸡群，要特别注意气温的变化和人工光照的补充；否则，会使产蛋高峰下跌并难以恢复。如果要继续饲养产蛋满一年的老母鸡，可剔除残次鸡后实行强制换羽，以缩短秋季自然换羽的时间。

根据以上蛋鸡的日常管理内容，可制定适合本地区本场的饲养管理操作制度。表 4‑18 列出了某大型蛋鸡场的一些日常管理内容，供参考。表 4‑18 是按 17h 光照安排的，不固定的工作没有列入操作日程，如鸡笼、水料槽、门窗的修理，疫苗免疫接种，投药防病，定期消毒，啄癖鸡的处理，料槽残留物的清除等。

表 4‑18 蛋鸡饲养管理操作日程

	时间	工作内容
早上	5:00	开灯，查鸡舍温、湿度，查鸡群情况，看是否有病鸡、死鸡
	5:00—5:30	冲水槽、加料，如果喂青绿饲料、投药等必须先拌料
	5:30—8:00	刷水槽，每天 1 次；擦食槽、托蛋板，每周 2 次；打扫墙壁、屋顶、屋架，擦门窗玻璃、灯泡，每周 1 次；清理下水道；铲除走廊上的鸡粪等

（续）

时间		工作内容
早上	8:00—8:30	早饭
上午	8:30—10:00	观察鸡群，挑选并治疗病鸡；对病鸡、好斗鸡、偷吃鸡蛋鸡，调整鸡笼；拣破蛋，推平被鸡啄成堆的料
	10:00—10:40	加料并清扫
	10:40—12:00	检修蛋箱、蛋箱垫料，拣蛋，过秤分类装箱，结算，登记
	12:00—12:30	清扫鸡舍、工作间、更衣室，洗刷用具，准备交班
	12:30—13:00	午饭（接班人先吃）
下午	13:00—13:30	交接班、讲评，交班双方共同检查鸡群、鸡舍设备
	13:30—14:30	冲水槽，观察鸡群，擦风扇叶
	14:30—15:10	加料并清扫（若此料不喂可匀在早上和晚上喂）
	15:10—16:30	观察鸡群，挑选并治疗病鸡，匀料，调整鸡笼，挑出鸡冠萎缩的鸡、发育不良的鸡等
	16:30—17:30	修蛋箱，第2次拣蛋，过秤，分类装箱，检查，结算，登记
	17:30—18:00	晚饭
晚上	18:00—19:00	加料并清扫鸡舍、值班室、更衣室、鸡舍，洗刷用具
	19:00—22:00	紫外线照射、观察鸡群、匀料、消毒、填写值班记录，结算当天产蛋个数、重量、死淘鸡数，关灯

五、提高产蛋量的措施

1. 选择高产健康的鸡种 选种时，要考虑品种的生产性能和市场需求，要到防疫卫生条件好的鸡场或孵化场购雏鸡，因为雏鸡费约占育成成本的20%，一定要认真对待。此外，尽量选择不抱窝的品种。

2. 把好饲料关 根据各类蛋鸡的饲养标准及饲养阶段配制符合生长和生产需要的全价饲料，实行分段饲养，并重视在饲料中添加辅助剂和其他营养物质，如添加沸石、氯化胆碱（0.4%）、动物蛋白饲料（如鱼粉、肉骨粉、血粉、蚕蛹、屠宰场下脚料）、发芽饲料等，都能不同程度地提高产蛋率。

配合饲料的保存时间不能超过1周，保存时要防潮、防晒、通风、防鼠虫害等。配合饲料中的多维，最好现用现配，减少损失。

3. 保证清洁、充足的饮水 成年鸡体内含水50%，蛋中含水70%。因此，水是禽体和产品的基本组成成分。缺水可以使鸡的消化吸收、新陈代谢、血液循环、体温调节等环节发生障碍，使产蛋量明显下降，甚至影响几天的产蛋量。因此，要保证充足的饮水，并重视水质，最好用饮用水或井水，非饮用水一定要经消毒后才能使用。

此外，夏天给产蛋鸡喂凉水、含CO_2的水、磁化水等，都可以提高产蛋率。夏天喂凉水可增进食欲；喂含CO_2的水可补充呼吸散热所失去的CO_2，提高蛋壳质量；喂磁化水有利于促进鸡的新陈代谢，提高食欲和抗病力。

4. 防止和减缓各种可能的应激 应激是鸡对造成其生理紧张状态的环境压力和心理压

力的反应，对鸡的健康和产蛋都不利。所以，要做好季节管理，尽可能地保持各种环境条件的适宜、稳定和渐变。保持鸡舍安静，不采取可能导致鸡群应激的措施。

5. 做好综合卫生防疫工作 按前面相关内容进行，如定期驱虫，接种疫苗，搞好环境、饲料、饮水的卫生，保证鸡群的健康才能实现高产。

6. 采用新设备和新技术 如采用快速喂料系统、乳头式饮水器、湿帘降温系统、粪污处理设备、纵向负压通风设备等，创造良好的环境，并改进笼养设备及集蛋工作；实施育成期限制饲养，产蛋期根据产蛋率和饲养阶段分段饲喂，对留养的老母鸡实施人工强制换羽技术等，都能使母鸡多产蛋。总之，要保持鸡群良好的体况，不过肥不过瘦，才能持续高产。

7. 坚持记录管理，实现信息及时反馈 这个过程可以借助计算机软件进行，通过记录及时发现问题，如发现产蛋量下降，要及时查明原因（疾病、饲料、饮水、环境、管理等），尽快消除这些原因。

8. 防止或尽量减少破损蛋 可以从饲料配合、饲养管理操作、运输，以及疾病防疫等方面综合考虑。

9. 正确处理与鸡场职工的关系 养鸡场一切细致与烦琐的工作最终都要通过鸡场职工来完成。所以，能否充分发挥场内人员的积极性与责任心是提高工作质量的关键，也是保证多产蛋的关键。具体做法有关心职工切身利益，提高职工的文化、技术和物质生活水平，解决职工的实际问题等。

任务四　肉鸡的饲养管理

一、肉用仔鸡的管理

（一）肉用仔鸡的生产特点

1. 早期生长快，饲料转化率高 一般肉用仔鸡出壳时体重仅有 40g 左右，在正常饲养管理条件下，经 7～8 周体重可达 2 500g 以上，是初生重的 60 多倍。由于肉用仔鸡生长速度快，所以饲料利用率较高。一般在饲养管理条件较好的情况下，料肉比可达 2∶1，低者也可达到（1.72～1.95）∶1。明显低于肉牛、肉猪。

2. 饲养周期短、资金周转快 肉仔鸡一般 7 周龄左右达上市标准体重，出场后，打扫、清洁、消毒鸡舍用 2 周时间，然后进下一批鸡，9～10 周 1 批，1 年可生产 5～6 批。如一间能容纳 2 000 只的鸡舍，一年能生产 1 万只肉鸡。因此，大大提高了鸡舍和设备利用效率，投入的资金周转快，可在短期内受益。

3. 饲养密度大，劳动效率高 肉用仔鸡性情安静，体质强健，大群饲养很少出现打斗现象，具有良好的群居习性，适于大群高密度饲养。为了获得最大的经济效益，可将上万只甚至几万只鸡组为一群进行饲养。在一般的厚垫料平养条件下，每平方米可饲养 12 只左右。在机械化、自动化程度较高的情况下，每个劳动力一个饲养周期内可饲养 1.5 万～2.5 万只，年均可达到 10 万只水平，大大提高了劳动效率。

4. 屠宰率高，肉质嫩 肉鸡生长期短，肉质较嫩，易于加工。鸡肉中蛋白质含量较高，脂肪含量适中，是人们较佳的肉食品之一。

5. 肉用仔鸡腿部疾病较多，胸囊肿发病率高 肉用仔鸡由于早期肌肉生长较快，而骨骼组织相对发育较慢，加之体重大、活动量少，使腿骨和胸骨表面长期受压，易出现腿部和胸部疾病。此病会影响肉用仔鸡的商品等级，造成经济损失。因此，在生产过程中，应加强预防这类疾病的发生。

（二）肉用仔鸡饲养方式

肉用仔鸡的饲养方式有平养、笼养、笼养平养混合3种。平养又有垫料地面平养和网上平养2种。

1. 垫料地面平养　这种方法的优点是简便易行，设备投资少，胸囊肿的发生率低，残次品少。缺点是球虫病较难控制，药品和饲料费用较高。垫料应有10～15cm厚，材质干燥松软，吸水性强，不霉变、不污染。常用的垫料有切短的玉米秸、破碎的玉米芯、小刨花、锯末、稻草、麦秸、干沙等。经常抖动垫料，使鸡粪落到垫料下面。水槽、饮水器及料槽（桶）周围的潮湿垫料要及时更换。饲养后期必要时应再加一层垫料。肉鸡大部分时间伏卧在垫料上，垫料的质量对肉鸡的生长和胸、腿部发育十分重要。垫料潮湿板结易导致胸囊肿而降低肉鸡商品等级。

2. 塑料网上平养　由于离地饲养，鸡不与粪便接触，这种方式易控制球虫病，因而也得以广泛应用。采用时把方眼塑网铺在金属地板网（或竹夹板）上面，以增加弹性，减少胸囊肿。形式与蛋用雏鸡网上平养基本一样。金属网与塑料网均有定型产品。

3. 笼养平养混合　肉鸡笼养本身有增加饲养密度、减少球虫病发生、提高劳动效率、便于公母分群饲养等优点。但因鸡笼底网硬，笼养鸡活动受限，鸡胸囊肿和腿病较为严重，商品合格率低，推广应用不多。近年来，科研单位和生产厂家的饲养试验表明，采用多层大笼饲养，在笼底上铺塑料网垫饲养肉仔鸡是可行的。由于地价日趋昂贵，笼养以增加单位面积鸡舍肉鸡饲养量，是今后肉鸡管理方式发展的方向之一。为避免肉仔鸡笼养的弊病又利用其优点，有养殖场在仔鸡2～3周龄内笼养，以后放在地面饲养，即采取笼养平养混合管理方式，也取得一定的效果。

（三）营养需要与饲料配制

1. 营养需要量　肉用仔鸡要求高能高蛋白水平的饲料，日粮各种养分齐全、充足且比例平衡。任何微量成分的缺乏与不足都会导致肉用仔鸡出现病理状态。在这方面，肉用仔鸡比蛋用雏鸡更为敏感，反应更为迅速。各鸡种肉用仔鸡营养需要量有所不同，但大同小异，当需要饲喂鸡至较大体重时（2.3kg以上），应适当降低前期料的蛋白质和能量水平，以提高后期成活率及减少腿病和猝死综合征的发生。要保证添加剂的质量并随时注意鸡群表现，如有代谢病征兆，则应及时检查添加剂的质量和添加量，调整用量或对症补充某些缺乏的成分，甚至更换添加剂。

2. 饲粮配合　由于仔鸡饲粮能量水平较高，饲粮应当以能量高而纤维含量低的谷物为主，不宜配合较多的能量低而纤维含量高的糠麸类。由于谷物一般含蛋白质较低，氨基酸不平衡，故饲粮中应配以适量的饼（粕）类和添加适量的氨基酸。谷物和饼（粕）中的钙、磷、钠等矿物质含量低，利用率低，饲粮中还应配以贝壳、骨粉、食盐等矿物质。谷物和饼（粕）中所缺乏的微量元素和维生素类可用成品的添加剂予以补充。饲料原料质量和营养成分的含量直接影响所生产饲料的质量，配合饲粮时应注意饲料的品质和含水量，不能教条地计算营养成分。不能喂发霉变质的饲料。饲料种类的选择可因地制宜，但必须满足营养需要，同时注意饲料成本。肉用仔鸡饲养期短，饲粮的配合应尽可能保持稳定，如需要改变时，必须逐步更换，饲粮急剧变化会造成消化不良，影响肉鸡生长。

（四）肉用仔鸡的饲喂

1. 适时饮水、开食

（1）饮水。雏鸡在出壳后 24h 内就给予饮水，以防止雏鸡由于出壳太久，不能及时饮到水，造成失水过多而脱水。在雏鸡进舍前，应将饮水器均匀地分布安置妥当，以便所有雏鸡能及时饮到水。用饮水器供水时，每 1 000 只鸡需要 15 个雏鸡饮水器，3 周龄后更换大的（4L）。使用长型水槽每只鸡应有 2cm 直线的饮水位置。采用乳头式自动供水系统，每个乳头可供 10～15 只鸡使用。饮水器应放置于喂料器与热源之间，应距离喂料器近些。肉鸡进舍休息 1～2h 后可饮水，以后不可间断。

初次饮水，可在饮水中加入适量的高锰酸钾，经历长途运输的雏鸡，最好在饮水中加入 5％～8％ 的白糖和适量的维生素 C，连续用 3～5d，以增强雏鸡体质，缓解运输途中引起的应激，促进体内胎粪的排泄，降低第 1 周雏鸡的死亡率。最初 1 周内最好饮用温开水，水温基本与室温一致，1 周后可改饮凉水。通常情况下鸡的饮水量是采食量的 1～2 倍。当气温升高时，饮水量增加。

鸡的饮用水必须清洁新鲜。使用饮水器供水时，每天至少清洗消毒 1 次。更换饮水器设备时应逐渐进行。饮水设备边缘的高度以略高于鸡背为宜，饮水器下面的垫料要经常更换。采用乳头式自动供水系统的，进雏前应将水压调整好，将整个供水系统清洗消毒干净，并逐个检查每个乳头，以防堵塞或漏水。饲养期应经常检查饮水设备，对于漏水、堵塞或损坏的应及时维修、更换，确保使用效果。

（2）开食。雏鸡初次饮水 2～3h 后即可开食，或饮水 30min 后有 30％ 的雏鸡随意走动，并用喙啄食地面有采食行为时，就应及时开食。开食时，将饲料放到雏鸡脚下，使其容易看见。开食时使用的喂料设备最好是雏鸡用开食盘，一般每 100 只用 1 个，也可选用塑料蛋托或塑料布。如果以后采用自动喂料器具也应在进雏前调试好。

开食料不可一次加得过多，应均匀地少给勤添，并注意观察雏鸡的采食情况。对尚未采食的雏鸡要诱导其吃料。

2. 喂料 雏鸡开食后 2～3d 就应使用喂料器，改喂配合饲料。雏鸡的配合饲料要求营养丰富、全价，且易于消化吸收，饲料要新鲜，颗粒大小适中，易于啄食。

采用料桶饲喂时，一般每 30 只鸡准备 1 个料桶，2 周龄前使用 3～4kg 的料桶，2 周龄后改用 7～10kg 的料桶。如使用自动喂料设备也应在 2～3 日龄时启动，并保证每只鸡有 5cm 的采食位置。采用料槽喂料时也应使每只鸡有相同长度的采食位置。随着日龄的增加，采食位置应适当加宽，基本原则是保证每只鸡均有采食位置，以利于肉用仔鸡生长均匀。

为刺激鸡采食和确保饲料质量，应采用定量分次投料的饲喂方法，但每次喂料器中无料不应超过 0.5h。肉用仔鸡应昼夜饲喂。饲喂次数，第 1 周每天 8 次，第 2 周每天 7 次，第 3 周每天 6 次，以后每天 5 次即可。每天喂料量应参考种鸡场提供的耗料标准，并结合实际饲养条件确定。

3. 肉用仔鸡饲养的关键技术

（1）加强早期饲喂。肉用仔鸡生长速度快，相对生长强度大，前期生长稍有受阻则以后很难补偿，这与蛋用雏鸡有很大差别。在实际饲养时一定要使出壳后的雏鸡早入舍、早饮水、早开食。

（2）保证采食量。日粮的营养水平高，但若采食量上不去，吃不够，则肉鸡的饲养同样得不到好的效果。保证采食量的常用措施有：①保证足够的采食位置，保证充足的采食时间；②高温季节采取有效的降温措施，加强夜间饲喂，必要时采用凉水拌料；③检查饲料品质，控制适口性不良原料的配合比例；④采用颗粒饲料；⑤在饲料中适当添加香味剂。

（五）肉用仔鸡的管理

1. 做好准备工作 肉用仔鸡生长周期短，每年可在同一舍饲养周转 5～6 批次。为了减少疾病的发生，提高鸡舍利用率，必须实行全进全出的饲养制度。每批鸡出舍后，对鸡舍进行彻底清扫、冲刷和消毒。清扫消毒的程序是：移出可移动设备，清除粪便和垫料、清扫、高压水冲洗、药物喷雾消毒、火焰消毒，移入使用的设备，进行熏蒸消毒，同时准备好下一批雏鸡所用的垫料、饲料、药品、喂料及饮水设备等。

2. 密度 肉用仔鸡适合高密度饲养，但在垫料上饲养密度应低些；在网上饲养密度可高些；通风条件好，密度可高些；夏季舍温高，则饲养密度应低些。

适宜的饲养密度，依饲养方式、鸡舍类型、垫料质量、养鸡季节和出场体重不同而异。一般按照鸡舍使用面积计算：1～7 日龄，30 只/m²；8～14 日龄，25 只/m²；15～28 日龄，20 只/m²；29～42 日龄，15 只/m²；43～56 日龄，8～10 只/m²。

3. 创造适宜的环境条件

（1）温度。雏鸡出生后体温调节能力很差，必须提供适宜的环境温度。开始育雏时保温伞边缘离地面 5cm 处的温度以 35℃ 为宜。温度低则雏鸡不活泼，影响采食和生长。从第 2 周起电热伞温度每周降低 3℃ 左右，到第 5 周降至 21～23℃ 为止，以后保持这一温度，或从 35℃ 开始，每天降低 0.5℃ 至 30d 时降到 20℃。育雏温度应保持平稳，并随雏龄增长适时降温。这一点非常重要，但又往往被人们所忽视。育雏人员每天必须认真检查和记录温度变化，细心观察鸡的行为，根据季节和雏鸡表现灵活掌握。

（2）湿度。育雏第 1 周舍内相对湿度保持 60%～65%。因此时雏鸡体内含水量大，舍内温度又高，湿度过低容易造成雏鸡脱水，影响鸡的健康和生长。2 周以后雏鸡体重增大，呼吸量增加，应保持舍内干燥，注意通风，避免饮水器漏水，防止垫料潮湿。尽量避免高温高湿和低温高湿的恶劣环境出现。

（3）光照。肉用仔鸡的光照制度有 2 个特点。一是光照时间较长，目的是延长采食时间；二是光照度小，弱光可降低鸡的兴奋性，使鸡保持安静状态。保证肉用仔鸡光照制度的这 2 个特点，则有利于提高其生长速度和饲料转化率。

①光照时间。第 1 种方案，在进雏后的前 2d，每天光照 24h，从第 3 天起实行 23h 光照，即在晚上停止照明 1h。这 1h 黑暗只是让鸡群习惯，一旦黑夜停电也不至于引起鸡群骚乱，扎堆压死。第二种方案，施行间歇光照法，在开放式鸡舍，白天采用自然光照，从第 2 周开始实行晚上间断照明，即喂料时开灯，喂完后关灯；在全密闭式鸡舍，可实行 1～2h 照明，2～4h 黑暗的间歇光照制度。这种方法不仅节省电费，而且还可促进肉鸡采食，鸡生长快，腿脚结实。

②光照度。光照度在育雏初期要强一些，以便于采食饮水，而后逐渐降低，以防止鸡过分活动或发生啄癖。如前 2 周每 20m² 地面安装 1 盏 40～60W 灯泡，以后换上 15W 灯泡。

如鸡场装有电阻器可调节光照度，则 0～3d 光照度 25lx，4～14d 10lx，15～35d 从 10lx 减至 5lx，35d 以后为 5lx。开放式鸡舍要考虑遮光，避免阳光直射和过强。

（4）通风。肉用仔鸡饲养密度大，生长快，所以通风尤为重要。通风的目的是排出舍内产生的氨、二氧化碳等有害气体，空气中的尘埃和病原微生物，以及多余的水分和热量。良好的通风对保持鸡体健康、羽毛整洁、生长迅速非常重要。环境控制鸡舍每小时每千克体重通风量要求 3.6～4m³。在不影响舍温的前提下尽量多通风。

4. 疫病防治 在 7～8 日龄和 21 日龄左右进行 2 次鸡新城疫疫苗免疫接种（具体接种时间可依鸡群抗体效价情况而有所变动），在 8～10 日龄和 18～20 日龄分别进行 2 次传染性法氏囊病疫苗免疫接种。肉鸡饲养量大，为减少劳力消耗和因抓鸡产生应激，免疫接种一般均采取饮水方式。进行饮水免疫要注意清洗好饮水器，饮水中不能使用清洁剂或消毒液；否则，会降低疫苗功效，在饮水中混入一些脱脂乳（40L 加 115g 脱脂乳），可降低饮水对疫苗的不良反应，延长疫苗有效时间。疫苗的使用应严格按说明书规定进行。

此外，根据当地疫病流行情况，有时还需接种传染性支气管炎疫苗等。肉鸡平养易发生球虫病，一旦患病，会损害鸡肠道黏膜，妨碍营养吸收，采食量下降，严重影响生长和饲料转化率。如遇阴雨天或鸡粪便过稀，即应在饲料中加药预防。如鸡群采食量减少，出现便血，则应立即投药治疗。预防、治疗球虫时，必须注意药物残留问题。在出场前一二周停止用药。预防球虫病必须从管理入手，要严防垫料潮湿，发病期间每天清除垫料粪便。

5. 出场 肉鸡出场时应妥善处理，即便生长良好的肉鸡，出场送宰后也未必都能加工成优等的屠体。据调查，肉鸡屠体等级下降有 50% 左右是因碰伤造成的，而 80% 的碰伤发生在肉鸡运至屠宰场的过程中，即出场前后发生的。因此，肉鸡出场时应尽可能防止碰伤，这对保证肉鸡的商品合格率非常重要。应有计划地在出场前 4～6h 使鸡吃光饲料，吊起或移出饲槽及一切用具，饮水器在抓鸡前撤除。尽量在弱光下进行，如夜晚抓鸡；舍内安装蓝色或红色灯泡，以减少鸡群骚动。抓鸡要用围栏圈鸡捕捉，抓鸡、入笼、装车、卸车、放鸡应尽量轻放，防止甩、扔动作，每笼不能装得过多，否则会造成不应有的伤亡。抓鸡最好抓双腿，最好能请抓鸡队出鸡。肉鸡屠宰前停食 8h，以排空肠道，防止粪便污染屠宰场。但停食时间越长，掉膘率越大。因此，为减少掉膘和死亡而造成的损失，应尽可能采取措施，缩短抓鸡、装运和在屠宰场的候宰时间。

（六）肉用仔鸡饲养管理其他要点

1. 实行公母分群饲养制 公、母雏生理基础不同，因而对生活环境、营养条件的要求和反应也不同。主要表现为生长速度不同，4 周龄时，公鸡体重比母鸡重 13%；7 周龄时，公鸡体重比母鸡重 18%。沉积脂肪的能力不同，母鸡比公鸡易沉积脂肪，反映出对饲料要求不同。羽毛生长速度不同，公鸡长羽慢，母鸡长羽快，表现出胸囊肿的严重程度不同。公母分群后采取下列饲养管理措施：

（1）分期出售。母鸡在 40 日龄以后，体脂和腹脂蓄积程度较公鸡严重，饲料转化率相应下降，经济效益降低。因此，母鸡应尽可能提前上市。

（2）按公母调整日粮营养水平。公鸡能更有效地利用高蛋白质饲料，中、后期日粮蛋白质可分别提高至 21%、19%，母鸡则不能利用高蛋白质日粮，而且会将多余的蛋白质在体内转化为脂肪，很不经济，中、后期日粮蛋白质应分别降低至 19%、17.5%。

（3）按公母提供适宜的环境条件。公鸡羽毛生长速度慢，前期需要稍高的温度，后期公鸡比母鸡怕热，温度宜稍低；公鸡体重大，胸囊肿比较严重，应给予更松软更厚些的垫草。

2. 影响肉用仔鸡生产的几种非传染性疾病

（1）胸囊肿。就是肉鸡胸部皮下发生的局部炎症，是肉用仔鸡常见疾病。该病不传染也不影响生长，但影响屠体的商品价值和等级。应该针对产生原因采取有效措施。

尽量使垫草干燥、松软，及时更换黏结、潮湿的垫草，保持垫草应有的厚度；减少肉用仔鸡卧地的时间，肉用仔鸡一天中有 $68\%\sim72\%$ 的时间处于卧伏状态，卧伏时体重的 60% 左右由胸部支撑，胸部受压时间长，胸部羽毛又长得晚，故易造成胸囊肿。应采取少喂多餐的方法，促使鸡站起来饮食、活动；若采用铁网平养或笼养时，应加一层弹性塑料网。

（2）腿部疾病。随着肉用仔鸡生产性能的提高，腿部疾病的严重程度也在增加。引起腿病的原因是各种各样的，归纳起来有以下几类：遗传性腿病，如发育异常、脊椎滑脱症等；感染性腿病，如化脓性关节炎、鸡脑脊髓炎、病毒性腱鞘炎等；营养性腿病，如脱腱症、软骨病、维生素 B_2 缺乏症等；管理性腿病，如风湿性和外伤性腿病。

预防肉用仔鸡腿病，应采取以下措施：完善防疫保健措施，杜绝感染性腿病；确保微量元素及维生素的合理供给，避免因缺乏钙、磷而引起的软脚病，缺乏锰、锌、胆碱、叶酸、维生素 B_6 等所引起的脱腱症，缺乏维生素 B_2 而引起的卷趾病；加强管理，确保肉用仔鸡合理的生活环境，避免因垫料湿度过大，降温过早，以及抓鸡不当而造成的腿病。

（3）腹水症。是一种非传染性疾病，其发生与缺氧、缺硒及某些药物的长期使用有关。控制肉鸡腹水症发生的措施：改善环境条件，特别是密度大的情况下，应充分注意鸡舍的通风换气；适当降低前期料的蛋白质和能量水平；防止饲料中缺硒和维生素 E；发现轻度腹水症时，应在饲料中补加维生素 C，用量是 0.05%。有试验证明 $8\sim18$ 日龄只喂给正常饲料量的 80% 左右，可防止腹水症的发生，且不影响肉用仔鸡最终上市体重。

（4）猝死症。其症状是一些增重快、体大、外观正常健康的鸡突然狂叫，仰卧倒地死亡。剖检常发现肺水肿、心脏扩大、胆囊缩小。导致猝死症的具体原因不明。

二、优质肉鸡的生产

随着人们生活水平的不断提高，人们对鸡肉有了一定的要求和选择性。越来越多的人喜欢吃肉嫩而实、脂肪分布均匀、鸡味浓郁、鲜美可口、营养丰富的鸡肉，也就是优质肉鸡。

（一）优质肉鸡的标准

优质肉鸡又称精品肉鸡。中国的优质肉鸡强调风味、滋味和口感，而国外强调的是长速，但国外专家也已经认识到了快速生长可使鸡品质下降。实际上优质肉鸡是指包括黄羽肉鸡在内的所有有色羽肉鸡，但黄羽肉鸡在数量上占大多数，因而一般习惯用黄羽肉鸡这一词。我国地域宽阔，各地对优质肉鸡的标准要求不一。

但普遍认为，优质鸡具有以下特点：生长较慢、性成熟较早、具有有色羽（如三黄鸡、麻鸡、黑鸡和乌骨鸡等）；宽胸、矮脚、骨骼相对较小而载肉量相对较多；肉嫩而实、骨细、脂肪分布均匀、鸡味浓郁、鲜美可口、营养丰富（一些鸡种还有药用价值）的鸡种。

优质肉鸡除生产活鸡外，大批生产加工成烧鸡、扒鸡等，均以肉质鲜美、色味俱全而闻名，商品价值明显高于一般肉用鸡。

目前我国南方市场，优质肉鸡占肉鸡的 70%～80%，其中港澳台占 90% 以上。我国北方约占 20%，主要集中在北京、河南、山西等省份。中国优质肉鸡的发展有由南方向北方不断推移的趋势。

（二）优质肉鸡的分类

（1）按鸡的生长速度可分为 3 种类型，即快大型、中速型、优质型等，呈多元化的格局。这些优质肉鸡生长速度不同、出栏日龄不同、出栏体重不同、肉质也不相同。

（2）按鸡的羽色可分为三黄鸡类、乌鸡类和土鸡类等。

（三）优质肉鸡的饲养管理

1. 饲养方式　优质肉鸡的饲养方式除可以采用与快大型肉鸡相同的方式外，还可以采用较大空间的散养，如在果园、林地、荒坡、荒滩等处设置围栏放养，也有的采用带运动场的鸡舍进行地面平养。为了提高优质肉鸡的成活率和生长速度，一般在 6 周龄前采用室内地面平养，6 周龄后则采用放养。这样，鸡既可采食自然界的虫、草、脱落的籽实或粮食，节省一些饲料，又可加强运动，增强体质，肌肉结实，肉质风味更好。

2. 阶段饲喂　根据生长速度的不同，黄羽肉鸡可按"两阶段"或"三阶段"进行饲喂。两段制分为 0～4 周龄和 4 周龄以后；三段制分为 0～4 周龄、5～10 周龄和 10 周龄以后。由于优质肉鸡的种质差异很大，各阶段饲料营养水平也不尽相同。但一般前期可以饲喂能量较低、蛋白质含量较高的饲料，后期为了增加肌肉、脂肪的沉积，同时提高饲料蛋白质的利用率，应降低日粮蛋白质含量，适当提高能量浓度。

3. 饲养管理技术要点

（1）密度。饲养密度包含 4 个方面的内容：一是每平方米面积养多少只鸡；二是每只鸡占有多少食槽位置；三是每只鸡饮水位置够不够；四是通风条件好不好。因此，决定密度的高低必须考虑这几方面因素。1～30 日龄，地面或网上平养为 30 只/m² 左右，多层笼养（配合负压通风系统）为 45～60 只/m²；31～60 日龄，地面或网上平养为 15 只/m² 左右，阶梯式笼养为 25～30 只/m²；61～100 日龄，地面或网上平养为 8 只/m² 左右，阶梯式笼养为 12～15 只/m²。

（2）适宜的环境。提供适宜的温度、湿度，合理的通风换气及光照制度，有利于提高肉鸡成活率、生长速度和饲料转化率。

①温度。适宜的温度是保证雏鸡成活的必要条件。开始育雏时以 32～35℃ 为宜，随着鸡龄的增长，温度应逐渐降低，通常每周降低 2～3℃，到第 5 周龄时降到 21～23℃。

②湿度。雏鸡从湿度较大的出壳箱取出，如果转入过于干燥的育雏室，雏鸡体内的水分会大量散发，腹中剩余的卵黄也会吸收不良，脚趾干枯，羽毛生长速度减慢。因此，在第 1 周龄内育雏室相对湿度应保持在 60%～65%。2 周龄后保持舍内干燥，注意通风，避免饮水器洒水，防止垫料潮湿。

③光照。为了促进采食和生长，可采用人工补充光照。育雏前 2d 连续光照 48h，而后逐渐减少。光照度在育雏初期时高一些，而后逐渐降低。

任务五　种鸡的饲养管理

种鸡是养鸡生产的重要生产资料，其质量好坏直接关系到商品鸡生产质量的高低。饲养种鸡的目的是提供优质的种蛋和种雏。因此，在种鸡的饲养管理中，重点是保持良好的体质和较高的繁殖能力，以生产尽可能多的合格种蛋，提高受精率、孵化率和健雏率。

一、蛋种鸡的饲养管理

（一）育雏、育成期的饲养管理

1. 饲养方式与密度　蛋种鸡多采用离地网上平养和笼养。育雏期笼养多采用4层重叠式育雏笼，育成期笼养时可用2层或3层育成笼。种鸡的饲养密度比商品鸡小30%～50%即可，根据饲养方式、种鸡体型和日龄不同而调整，并实行强弱分群饲养，淘汰过弱的鸡。育成种公鸡应备有运动场。

2. 分群饲养　高产配套系的种鸡，它们在配套杂交方案中所处的位置是特定的，不能互相调换，因此各系在出雏时都要佩戴不同的翅号或断趾、剪冠，以示区别。各系还应分群饲养，以免弄错和方便编制配种计划，也便于根据各系不同的生长发育特点进行饲养管理。

另外，种公母鸡6～8周龄混养，9～17周龄分开饲养。公鸡最好采用平养育成，以锻炼体格，并注意饲养密度不能太大：6周龄后，种公鸡所占面积应为450～500cm²/只，成年种公鸡所占面积应为900cm²/只。

3. 公鸡断喙　公鸡断喙的合理长度为母鸡的一半（如采用自然交配，公鸡可不断喙，但要断内侧第1、第2趾，以免配种时抓伤母鸡）。断喙适宜时间与商品鸡相同，即7～10日龄，在12周龄左右对漏切、喙长、上下喙扭曲等异常喙进行补切或重切。

4. 种公鸡的选择　种公鸡的质量直接影响种蛋受精率及后代的生产性能，其影响大于种母鸡，必须进行更严格的选择。

（1）第1次选择。在育雏结束公母分群饲养时进行，选留个体发育良好、冠髯大而鲜红者。留种数量按1：（8～10）的公母比选留（自然配种按1：8，人工授精按1：10），并做好标记，最好与母鸡分群饲养。

（2）第2次选择。在17～18周龄时选留体重和外貌都符合品种标准、体格健壮、发育匀称的公鸡。自然交配的公母比为1：9；人工授精的公母比为1：（15～20），并选择按摩采精时有性反应的公鸡。

（3）第3次选择。在20周龄，自然交配的此时已经配种2周左右，主要把那些处于劣势的公鸡淘汰掉，如鸡冠发紫、萎缩、体质弱、性活动较少的公鸡，选留比为1：10。进行人工授精的公鸡，经过1周按摩采精训练后，主要根据精液品质选留，选留比例为1：（20～30）。

5. 种公鸡的营养水平　种母鸡育雏育成期的营养水平与商品蛋鸡一致；种公鸡目前一般都使用母鸡料，这是不科学的，既影响种公鸡的正常发育，又造成饲料浪费，因为种公鸡不需要太高的蛋白质水平和钙磷含量。综合一些试验研究结果，建议后备公鸡的日粮：代谢能11.3～12.14MJ/kg；育雏期蛋白质水平16%～18%，育成期12%～14%；育成期钙1%～1.2%，可利用磷0.4%～0.6%；微量元素与维生素可与母鸡相同。公母混养时应设公鸡专用料槽，放在比公鸡背部略高的位置，公鸡可以伸颈吃食而母鸡够不着；母鸡的料槽上安装防护栅，使公鸡的头伸不进去。

（二）产蛋期的饲养管理

1. 饲养方式　有垫料地面平养、网上平养、地网混合平养、个体笼养和小群笼养等几种。除个体笼养需进行人工授精外，其他的饲养方式都采用自然配种。平养还需配备产蛋箱，每4只母鸡配1个。采用小群笼养时，要注意群体不可太小，以免限制公母鸡之间的选择范围，使受精率不高。繁殖期人工授精的公鸡必须单笼饲养，一笼两只鸡或群养时，由于公鸡相互爬跨、格斗等而影响体质及精液品质。

2. 饲养密度　饲养密度与饲养方式和鸡的体型有关，公鸡所占的饲养面积应比母鸡多1倍。

3. 转群时间　由于蛋种鸡比商品鸡通常迟开产1周，故转群可在18～19周龄进行。产蛋期进行平养的要求提前1～2周（即17～18周龄）转群，目的是让育成母鸡充分熟悉产蛋箱，减少窝外蛋。

4. 公母合群与留种时间　进行自然配种时，一般在母鸡转群后的第2天投放公鸡，以晚间投放为好。最初可按1∶8的公母比放入公鸡，以减少早期因斗架所致的淘汰和死亡。待群序建立后，按1∶10的公母比剔除多余的体质较差的公鸡。放入公鸡后2周即能得到较好的种蛋受精率。但收集种蛋的适宜时间还与蛋重有关，一般蛋重必须在50g以上才能留种，即从25周龄开始能得到合格种蛋。这里有个问题，为什么不在留种前2周即23周龄放入公鸡？这是为了避免给已开产的母鸡造成不必要的应激，以致影响今后的产蛋。

人工授精条件下，只要提前1周训练公鸡适应按摩采精即可进行采精和输精，最初两天连续输精，第3天即可收集种蛋，受精率可达95％以上。对于老龄的种母鸡，最好用青年公鸡配种，受精率较高。

5. 种鸡体况检查与健康管理　实施人工授精的公鸡，应每月检查体重1次，凡体重下降在100g以上的公鸡，应暂停采精或延长采精间隔，并另行饲养，甚至补充后备公鸡。对自然配种的公鸡，应随时观察其采食饮水、配种活动、体格大小、冠髯颜色等，必要时换用新公鸡。如需换用新公鸡，应在夜间放入。

随时检查种母鸡，及时淘汰病弱鸡、停产鸡，可通过观察冠髯颜色、触摸腹部容积和泄殖腔等方法进行。淘汰冠髯萎缩、苍白、手感冰冷，腹部容积小而发硬，耻骨开张较小（3指以下），泄殖腔小而收缩的母鸡。

二、肉种鸡的饲养管理

（一）肉种鸡的种类和饲养阶段划分

目前优质肉种鸡主要有两种：一是外来种与我国育成品种杂交，生产中速的黄羽种鸡，如仿土鸡繁育体系中的单杂交母鸡；二是我国的地方肉种鸡。

各类鸡的饲养管理大同小异，这里只介绍优质肉种鸡饲养管理的特殊之处。

根据种鸡的生长发育特点和生理要求，种鸡必须采取分期饲养，根据各期的特点进行相应的饲养管理，才能取得理想效果。种鸡各饲养阶段的划分大致如下：育雏期0～7周龄，育成期8～22周龄，23周龄以后为产蛋期。

（二）种雏鸡的饲养管理要点

1. 公母分群饲养　肉种鸡的父系和母系通常是不同的品种或品系，其生产用途和生长速度也不同，所以肉种鸡在育雏期间最好能公母分群饲养，以达到各自的培育要求。

2. 锻炼消化能力 为了提高肉种鸡的产蛋量，母鸡的消化器官必须发育良好，以适应在产蛋高峰时需要获得大量营养的要求。故肉雏鸡的饲养既要供给充足的营养，又要注意适当增加一些砂粒和粗纤维，以刺激消化道生长发育。增加砂粒从第 3 周开始，添加量为饲料总量的 1‰，粒径以 2mm 为宜，并注意清洁卫生。

3. 饲养环境 光照制度对种鸡性成熟的年龄及以后的生产水平影响很大。为了控制种鸡性成熟的年龄，常采用接近自然日照时间的恒定式或渐减渐增的光照方案。此外，要让种雏鸡有一定的运动量，以增强体质，提高以后的配种能力。种雏鸡的饲养密度应比商品鸡小一些，一般公雏要求 7.2 只/m²，母雏 10.8 只/m²。

4. 饲养季节 我国大部分地区采用半开放的种鸡舍，种鸡的生产水平受季节影响大。因此，在不考虑其他因素（如市场行情）的情况下，以春季培育种鸡最好，初夏与秋冬次之，盛夏最差。

（三）育成种鸡的饲养管理

育成期饲养管理的好坏是种鸡饲养能否成功的关键。优质肉鸡育成期的长短因品种不同稍有差异，但饲养管理的基本要求是相似的。

1. 限制饲料喂量 优质肉种鸡必须限制饲养才能保证良好的种用性能。

（1）限饲的方法。与肉种鸡相似，有每天限饲、隔日限饲、五二限饲等，其中隔日限饲法用得最多。此外，也有限制采食时间的，不用每天称量喂料量，只需定时把喂料器盖起来或吊起来，简单易行，但采食时间的把握很重要，其实质还是限制饲喂量。

（2）开始限饲的周龄。正确掌握开始限饲的周龄是限饲成功的关键之一，常因品种不同而异，一般在 7～8 周龄时开始限饲为好。

（3）限饲的注意事项。

①整理鸡群。限饲对鸡群的应激很大，在限饲之前应将鸡群中体重过小和体质过弱的个体挑出单独饲养。不同体重的鸡分栏饲喂，采取不同的限饲计划，使鸡群的体重趋于一致。

②称重的取样要有代表性，时间要固定。分栏饲养的要每栏都取样，大群饲养的要多点取样；称重时间要每次都相同，隔日饲喂的在不喂料日称重。

③配置足够的饮水器和喂料器，以避免采食不均导致鸡群体重不均匀。

④在鸡群生病或其他不良影响时，暂停限饲，待恢复正常时再进行限饲。

2. 育成鸡的管理

（1）调整饲养密度。随着鸡不断长大，应逐渐降低饲养密度，以保证育成鸡有较大的活动余地，促进鸡的骨骼、肌肉和内脏器官的发育，增强鸡的体质。

（2）及时淘汰不合格种鸡。育成期间应经常观察鸡群，及时淘汰生长不良、有缺陷、有病的鸡。一般在限饲之前和开产之前要集中进行淘汰。

（3）及时转入产蛋鸡舍。准备好产蛋鸡舍后，应在开产前 2 周左右将种母鸡移入产蛋鸡舍，使其有足够的时间熟悉和适应新的环境，减少地面蛋等污损蛋。公母鸡分栏育成时，在母鸡转入前 2～5d 先转入公鸡，以便它们在开产前形成群居层次，使母鸡产蛋后稳定配种和减少打斗。

（4）检查鸡喙的再生情况。第 1 次断喙一般在 6～9 日龄进行，但往往有一些切得不当，必须在 13～17 周龄补切。这时鸡喙已经角质化，神经、血管很丰富，比较难切且容易出血，对鸡的应激较大，故应该争取第 1 次断喙就成功。为了减少流血和应激，第 2 次断喙前后 3d 应增加多种维生素的喂量特别是维生素 K（每吨饲料另加 50g）。断喙后要加强检查，发现出血者应立即补烙切面，并临时增加喂料器中饲料的厚度，以免鸡因疼痛而减少采食量。

（5）其他管理。由于育成舍的设备一般都比较简陋，再加上限饲对鸡群体质的影响，饲养人员应经常注意天气预报，做好防寒、降温、防湿等工作，时刻重视鸡舍的环境卫生及鸡群的疾病防疫工作。此外，还要重视种鸡群的光照管理。

（四）产蛋种鸡的饲养管理

1. 开产前的饲养管理　这一时期是种母鸡限饲结束后到开产之前，时间 2 周左右，此时种母鸡体内发生一系列生理变化，主要是为产蛋做准备。这个时期应改育成料为产蛋料，改隔日饲喂为每天饲喂，改日喂 1 次为日喂 2 次。但必须注意，饲料的改变要逐渐进行，一般在 1 周内应完全过渡到产蛋料。饲料改变的同时，应逐渐增加光照时间。正确饲养的种母鸡适时开产，开产后产蛋率迅速上升，30 周龄前后达到产蛋高峰，且产蛋高峰持续时间长。

2. 产蛋前期的饲养管理　从开产到产蛋高峰为产蛋前期，即从开产到 30 周龄左右。这一阶段产蛋率上升很快，种母鸡生殖系统在迅速生长，体内也需有些营养储备。因此，要求日粮的蛋白质、能量、钙、磷水平都较高，并且要继续增加饲喂量，以适应生产和生长的需要。根据各品种的特点，一般从产蛋率 3% 时开始增加饲喂量，按周调整饲喂量，每次增加 5～8g/只，到产蛋高峰为止。

当新母鸡出现产蛋量增加停止或连续几天停留在同一水平上时，要想知道是否已到达产蛋高峰，可用增加饲喂量的方法进行试探。一般每只母鸡在原有基础上增加 5g 饲料，连喂 3～4d，如果鸡群产蛋量有所增加，则说明产蛋高峰还没有到，应继续增加饲喂量，提高产蛋率；如果增加饲喂量 4d 以后，鸡群的产蛋量没有提高，则说明产蛋高峰已经来到，应当恢复上一次的饲喂量。

3. 产蛋中期的饲养管理　从产蛋高峰到产蛋量迅速下降阶段称为产蛋中期，一般指 32～52 周龄这一阶段。这个时期的母鸡产蛋量最高，种蛋受精率、合格率最高，饲养管理的主要任务是使产蛋高峰持续较长时间，下降缓慢一些。由于本阶段产蛋量基本保持稳定，鸡体的生长发育已经完成，如果日粮营养水平不变的话，饲喂量不要增加。

4. 产蛋后期的饲养管理　产蛋后期是指产蛋量下降到淘汰为止，常指 53～72 周龄这一阶段。饲养上应根据产蛋量下降的幅度适当减少饲喂量，或者通过降低日粮的蛋白质水平，以不影响正常产蛋为原则。随着年龄的增加，母鸡吸收钙的能力逐渐下降，所以必须增加日粮中钙的含量，否则会影响蛋壳质量及孵化率。

5. 产蛋母鸡饲喂量的确定　母鸡的开产体重和产蛋期体重对产蛋性能影响较大，而母鸡体重的变化主要取决于饲喂量，所以准确控制产蛋母鸡的饲喂量很重要。不同品种、不同生产性能的鸡群的饲喂量有一定差异，理想的饲喂量是使母鸡不肥不瘦、产蛋量多。一般原则是宁可瘦一点也不要过肥，因为喂量不足，产蛋高峰来得迟一点；若把母鸡养肥了，产蛋量会下降。比较科学的方法是通过试验，制订各品种或品系母鸡各产蛋阶段的标准体重和大致喂料量。

（五）种公鸡的特殊管理

为了得到优质商品肉鸡，在种公鸡的管理上还要做到以下几点：

1. 满足公鸡的运动需要 育雏育成期正是公鸡长体格的时期，公鸡舍最好带有运动场，而且饲养密度要减少，育雏阶段每平方米 15 只以内，育成阶段每平方米 3.5 只。运动有利于公鸡体格的生长，获得发达的肌肉和坚实的骨骼，有利于配种。

2. 注意保护公鸡的脚 公鸡的体型较大，脚的负担重，易患脚部疾病，直接影响到其种用价值。地面饲养的公鸡一定要有良好的垫料，公鸡不宜在铁丝网上饲养，以免生锈的铁丝网损伤脚趾。目前，除育雏期外，大型肉种公鸡几乎不采用笼养；进行人工授精的小型肉种公鸡可以采用笼养，但鸡笼最好镀塑。

3. 剪冠、断趾和切距 成年种公鸡的冠较大，影响采食和饮水，常因公鸡间争斗使冠损伤和流血。所以，种用小公鸡最好在 1 日龄剪冠。

自然配种时，公鸡的距和内侧趾爪常常抓伤母鸡，使母鸡害怕配种而影响受精率。因此，种公鸡最好进行断趾和切距。断趾通常在 1 日龄进行，将两个内侧的趾（第 1 趾和第 2 趾）在第 1 个趾关节处切断。切距即将种公鸡的距用锐利的工具切掉。通常在距帽完全形成时（一般 10~16 周龄）进行。

（六）种鸡的利用年限及公母配比

母鸡第 1 年的产蛋量最高，以后逐年下降，第 2 年只有头年的 80%，第 3 年只有第 1 年的 70%，因此饲养老母鸡是不经济的。现在由于生产水平的提高，培育新母鸡的成本大为下降，因此种母鸡只用 1 年便淘汰。

一般种公鸡的精子活力也以第 1 年最高，种公鸡也随着种母鸡的淘汰而一起淘汰。但地方品种的公鸡利用年限可延长 2~3 年，仍能保持旺盛的配种能力。

正确的公母比例既可以保持高的受精率，又能使公鸡的使用年限延长。事实证明，公鸡过多会引起相互争斗，影响配种，也增加饲养成本；公鸡过少，部分母鸡得不到配种机会，公鸡配种频率过大，引起提前衰老而淘汰。适当的公母比例与种鸡的品种类型有关，如土种鸡为 1：（12~15）；快大型肉种鸡为 1：（8~10）。

在种蛋生产期间应经常检查公母鸡比例和公鸡体况，及时更换跛脚、患病、精神欠佳的公鸡。自然配种的新公鸡在晚间更换为好，对鸡群的应激较小。

任务六　肉鸭的饲养管理

我国在 20 世纪 80 年代先后引入了樱桃谷肉鸭、狄高肉鸭父母代。目前，我国已选育出北京鸭、天府肉鸭配套系，其具有生长速度快、饲料转化率高、繁殖力强、成本低等优点，在畜牧生产上已得到广泛应用。

一、肉鸭养殖的特点

（一）生长迅速

在家禽中，肉鸭的生长速度最快。肉鸭 8 周龄可达 3.0~3.5kg，为其初生重的 50 倍以上。屠宰上市胴体重一般在 3kg 以上。

（二）产肉率高，肉质好

肉鸭的胸腿肌特别发达。据测定，8 周龄时胸腿肌重可达 600g 以上，占全净膛重的 25% 以上，其中，胸肌重达 300g 以上。肉鸭具有肌肉肌间脂肪多、肉质细嫩等特点，是烤鸭和煎、炸鸭食品和分割肉生产的上乘材料。

（三）生产周期短，可全年批量生产

商品肉鸭生长特别迅速，从出壳到上市全程饲养期仅需 42～56d，生产周期极短，资金周转快，这对经营者十分有利。肉鸭采用全舍饲饲养，因此打破了生产的季节性，可以全年批量生产。在稻田放牧生产肉用鸭季节性很强的情况下，全舍饲饲养肉鸭正好可在当年 12 月到翌年 5 月出栏，这段时间是肉鸭供应淡季，此时提供优质肉鸭上市，可获得显著经济效益。

二、肉鸭的饲养管理

根据肉鸭的生理和生长发育特点，饲养管理一般分为雏鸭期（0～3 周龄）和生长育肥期（22 日龄至上市）两个阶段。

（一）雏鸭期的饲养管理要点

1. 育雏前的准备

（1）育雏室的维修。进雏之前，应及时维修破损的门窗、墙壁、通风孔、网板等。采用地面育雏的也应准备好足够的垫料。准备好分群用的挡板、饲槽、水槽或饮水器等育雏用具。

（2）清洗消毒。育雏之前，先将室内地面、网板及育雏用具清洗干净、晾干。墙壁、天花板或顶棚用 10％～20％的石灰乳粉刷，注意表面残留的石灰乳应清除干净。饲槽、水槽或饮水器等冲洗干净后放在消毒液中浸泡半天，然后清洗干净。

（3）环境消毒。在进行育雏室内消毒的同时，对育雏室周围道路和生产区出入口等进行环境消毒，切断病源。在生产区出入口设一消毒池，以便于饲养管理人员进出消毒。

（4）制订育雏计划。育雏计划应根据所饲养鸭的品种、进鸭数量、时间等而确定。要根据育雏的数量，安排好育雏室的使用面积，也可根据育雏室的大小来确定育雏的数量。建立育雏记录等制度，做好进雏时间、进雏数量、育雏期的成活率等指标的记录。

2. 育雏的必备条件　育雏的好坏直接关系雏鸭的成活率、健康状况、将来的生产性能和种用价值。因此，必须为雏鸭创造良好的环境条件，以培育出成活率高、生长发育良好的鸭群，发挥出最大的生产潜力。育雏的环境条件主要包括以下几方面：

（1）温度。在育雏条件中，以育雏温度对雏鸭的影响最大，直接影响雏鸭体温调节、饮水、采食以及饲料的消化吸收。在生产实践中，育雏温度应根据雏鸭的活动状态来判断。温度过高时，雏鸭远离热源，张口喘气，烦躁不安，分布在室内门窗附近，容易造成雏鸭体质弱及抵抗力下降等现象；温度过低时，雏鸭扎堆、互相挤压，影响雏鸭的开食、饮水，并且容易造成伤亡；在适宜的育雏温度条件下，雏鸭三五成群，食后静卧而无声，分布均匀。

（2）湿度。湿度对雏鸭生长发育影响较大，刚出壳的雏鸭体内含水量为 70％左右，同时又处在环境温度较高的条件下，湿度过低，往往引起雏鸭轻度脱水，影响健康和生长。当湿度过高时，霉菌及其他病原微生物大量繁殖，容易引起雏鸭发病。舍内相对湿度第 1 周以 60％为宜，有利于雏鸭卵黄的吸收，以后由于雏鸭排泄物的增多，应随着日龄的增长降低湿度。

（3）密度。饲养密度是指每平方米的面积所饲养的雏鸭数。密度过大，会造成相互拥挤，体质较弱的雏鸭常吃不到料、饮不到水，致使生长发育受阻，影响增重和群体的整齐

度，同时也容易引起疾病的发生。密度过低房舍利用率不高，增加饲养成本。雏鸭的饲养密度可参考表 4-19。

表 4-19　雏鸭的饲养密度（只/m^2）

周龄	垫料地面平养	网上平养
1	15～20	25～30
2	10～15	15～25
3	7～10	10～15

（4）通风换气。通风换气的目的在于排出室内污浊的空气，更换新鲜空气，并调节室内温度和湿度。雏鸭生长速度快，新陈代谢旺盛，随呼吸排出大量二氧化碳；雏鸭的消化道短，食物在消化道内停留时间较短，粪便中有 20%～30% 为尚未被利用的物质，粪便中的氨气和被污染的垫料在室内高温、高湿、微生物的作用下产生大量有害气体，严重影响雏鸭的健康。如果室内氨气浓度过高，则会造成雏鸭抵抗力下降，羽毛零乱，发育停滞，严重者会引起死亡。一般人进入育雏室闻不到臭味和无刺眼的感觉，则表明育雏室内氨气的浓度在允许范围内。

（5）光照。为使雏鸭能尽早熟悉环境、尽快开食和饮水，一般第 1 周采用 24h 或 23h 光照。

3. 雏鸭的选择和分群饲养　健雏的选留标准：健雏是指同一日龄内大批出壳的、大小均匀、体重符合品种要求，绒毛整洁、富有光泽，腹部大小适中，脐部收缩良好，眼大有神，行动灵活，抓在手中挣扎有力，体质健壮的雏鸭。将腹部膨大、脐部凸出、晚出壳的弱雏单独饲养，加以精心的饲养管理，仍可生长良好。

4. 雏鸭日粮　雏鸭阶段体重的相对生长率较高，在第 2、第 3 周龄相对生长率达到高峰。肉鸭由于早期生长速度特别快，所以对日粮营养水平的要求特别高。雏鸭日粮可参照肉鸭营养需要标准配制，粗蛋白质含量应达 22% 左右，并要求各种必需氨基酸达到规定的含量，且比例适宜。钙、磷的含量及比例也应达到规定的标准。

5. 尽早饮水和开食　肉用仔鸭早期生长特别迅速，应尽早饮水、开食，有利于雏鸭生长发育，锻炼雏鸭的消化道；开食过晚体力消耗过大，雏鸭因失水过多而变得虚弱。一般采用直径为 2～3mm 的颗粒饲料开食，第 1 天可把饲料撒在塑料布上，以便雏鸭学会吃食，做到随吃随撒，第 2 天后就可改用料盘或料槽喂料。雏鸭进入育雏舍后，就应供给充足的饮水，前 3d 可在饮水中加入复合维生素，并且饮水器（槽）可离雏鸭近些，便于雏鸭饮水，随着雏鸭日龄的增加，饮水器应远离雏鸭。

6. 饮喂方法和次数　以饲喂颗粒饲料为最好。实践证明，饲喂颗粒饲料可促进雏鸭生长，提高饲料转化率。雏鸭自由采食，在食槽或料盘内应保持昼夜有饲料，做到少喂勤添，随吃随给，保证料槽内常有料，余料不过多。

（二）生长育肥期的饲养管理

1. 生理特点　商品肉鸭 22 日龄后进入生长育肥期。由于鸭的采食量增多，饲料中粗蛋白质含量可适当降低，仍可满足鸭体重增长的营养需要，从而达到良好的增重效果。

2. 饲养方式　由于鸭体躯较大，其饲养方式多为地面饲养。若环境突然变化，常易产生应激反应,因此在转群之前应停料 3～4h。随着鸭体躯的增大,应适当降低饲养密度。适宜的饲养密度为:4 周龄 7～8 只/m²,5 周龄 6～7 只/m²,6 周龄 5～6 只/m²。

3. 喂料及喂水 鸭采食量增大,应注意添加饲料,随时保持有清洁的饮水。特别是在夏季,白天气温较高,鸭采食量减少,更不能断水。

4. 垫料的管理 由于鸭的采食量增多,其排泄物也增多,应加强舍内和运动场的清洁卫生管理,每天定时打扫,及时清除粪便,保持舍内干燥,防止垫料潮湿。

5. 上市日龄 不同地区或不同加工目的所要求的肉鸭上市体重不一样,因此上市日龄的选择要根据销售对象来确定。肉鸭一旦达到上市体重应尽快出售。商品肉鸭一般 6 周龄活重达到 2.5kg 以上,7 周龄可达 3kg 以上,饲料转化率以 6 周龄最高,因此 42～45 日龄为其理想的上市日龄。但此时肉鸭胸肌较薄,胸肌的丰满程度明显低于 8 周龄,如果用于分割肉生产,则以 8 周龄上市最为理想。

任务七　鹅的饲养管理

一、雏鹅的培育

从出壳到 28 日龄为雏鹅阶段。雏鹅培育是养鹅生产中的一个重要环节。此期间饲养管理的重点是培育出生长发育快、体质健壮、成活率高的雏鹅,发挥出鹅的最大生产潜力,提高养鹅生产的经济效益。

1. 日粮配合 雏鹅的饲料包括精饲料、青绿饲料、矿物质、维生素等。刚出壳的雏鹅消化能力较弱,可喂给蛋白质含量高、容易消化的饲料。采用全价配合日粮饲喂雏鹅,有条件的地方最好使用颗粒饲料。随着雏鹅日龄的增加,逐渐减少补饲精饲料,增加优质青绿饲料的使用量,并逐渐延长放牧时间。

2. 初饮 即出壳后的雏鹅第 1 次饮水。雏鹅出壳时,腹腔内未利用完的卵黄可维持雏鹅营养供给 90h 左右,但卵黄的利用需要水分,如果喂水太迟,造成机体失水,出现干爪鹅,将严重影响雏鹅的生长发育。雏鹅出壳后由于运输和环境的变化,最好在 1～3 日龄雏鹅的饮水中加入复合维生素。

3. 适时开食 雏鹅出壳后 12～24h 内应让其采食。初生雏鹅及时开食,有利于提高雏鹅成活率。可将饲料撒在浅食盘或塑料布上,让其啄食。如用颗粒饲料开食,应将粒料磨碎,以便雏鹅采食。刚开始时,可将少量饲料撒在雏鹅的身上,以引起其啄食的欲望;每隔 2～3h 可人为驱赶雏鹅采食,喂料量应做到"少喂勤添"。随着雏鹅日龄的增长,可逐渐增加青绿饲料的喂量。

4. 饲喂次数和方法 1 周龄内,一般每天喂料 6～9 次,约每 3h 喂料 1 次;第 2 周龄时,雏鹅的体力有所增强,一次采食量增大,可减少到每天喂料 5～6 次,其中夜里喂 2 次。喂料时把精饲料和青绿饲料分开饲喂。随着雏鹅放牧能力的加强,可适当减少饲喂次数。

5. 保温与防湿 在育雏期间,经常检查育雏温度的变化。如育雏温度过低、雏鹅扎堆时,应及时轰散,并尽快将温度升到适宜的范围;温度过高时也应及时降温。随着雏鹅日龄的增长,应逐渐降低育雏温度。在保温的同时应注意防潮湿。雏鹅饮水时往往弄湿饮水器或水槽周围的垫料,加之粪便的蒸发,必然导致室内湿度和氨气等有害气体浓度升高。因此,育雏期间应注意室内通风换气,保持舍内垫料干燥、新鲜,空气流通,地面干燥清洁。

6. 放牧 雏鹅适时放牧，有利于增强其适应外界环境的能力，强健体质。春季育雏，4～5日龄起可开始放牧。选择晴朗无风的日子，喂料后让其在育雏室附近平坦的嫩草地上活动，自由采食青草。开始放牧时间要短，随着雏鹅日龄的增加，逐渐延长室外活动时间。放牧时赶鹅要慢，放牧要与放水相结合，既可促进雏鹅新陈代谢，使其骨骼、肌肉、羽毛生长，增强体质，又利于羽毛清洁，提高抗病力，切忌将雏鹅强迫赶入水中。

二、鹅的饲养管理

(一) 鹅的消化特点

雏鹅育雏期结束后，5～10周龄或12周龄为中雏鹅。中雏鹅经过舍饲育雏和放牧锻炼，消化道容积较雏鹅阶段大，消化能力较强，对外界环境的适应能力及抵抗能力增强。此阶段是骨骼、肌肉、羽毛生长最快的时期。此期的饲养管理特点是，以放牧为主，补饲为辅，充分利用放牧条件，加强锻炼，促进机体的新陈代谢，促进仔鹅的快速生长，适时达到上市体重。

(二) 鹅的育肥方法

仔鹅在短期内经过育肥，可以迅速增膘长肉，增加体重，改善肉的品质。根据饲养管理方式，仔鹅的育肥分为放牧育肥、舍饲育肥和填饲育肥3种。

1. 放牧育肥 放牧育肥是一种传统的育肥方法，应用最广，成本低，适用于放牧条件较好的地方，主要利用收割后茬地残留的麦粒或稻田中散落的谷粒进行育肥。如果谷实类饲料较少，必须加强补饲，否则达不到育肥的目的，但补饲会增加饲养成本。

放牧育肥必须充分掌握当地农作物的收割季节，事先联系好放牧的茬地，预先育雏，制订好放牧育肥的计划。一般可在3月下旬或4月上旬开始饲养雏鹅，这样可以在麦类茬地放牧育肥。放牧育肥受农作物收割季节的限制，如未能赶上收割季节，可根据仔鹅放牧采食的情况加强补饲，以达到短期育肥的目的。

2. 舍饲育肥 这种育肥方法不如放牧育肥广泛，饲养成本较放牧育肥高，但具有发展的趋势。这种方法生产效率较高，育肥的均匀度比较好，适用于放牧条件较差的地区或季节，最适于集约化批量饲养。仔鹅到60日龄时，从放牧饲养转为舍饲饲养。舍饲育肥有以下两个特点：

(1) 舍饲育肥主要依靠配合饲料达到育肥的目的，也可喂给高能量日粮，适当补充一部分蛋白质饲料。

(2) 限制鹅的活动，在光线较暗的房舍内进行，减少外界环境因素对鹅的干扰，让鹅尽量多休息。每平方米可放养4～6只，每天喂料3～4次，使体内脂肪迅速沉积，同时供给充足的饮水，增进食欲，帮助消化，经过15d左右即可宰杀。

3. 填饲育肥 将配合日粮或以玉米为主的混合料加水拌湿，搓捏成1～1.5cm粗、6cm长的条状食团，阴干后填饲。填饲是一种强制性饲喂方法，分人工填饲和机器填饲两种。人工填饲时，用左手握住鹅头，双膝夹住鹅身，左手的拇指和食指将鹅嘴撑开，右手持食团先在水中浸湿后用食指将其填入鹅的食道内。开始填时，每次填3～4个食团，每天3次，以后逐步增加到每次填4～5个食团，每天4～5次。填饲时要防止将饲料塞入鹅的气管内。机器填饲时用填饲机的导管将调制好的食团填入鹅的食道内。填饲的仔鹅应供给充足的饮水，或让其每天洗浴1～2次，有利于增进食欲，光亮羽毛。经过10d左右的填饲育肥，鹅体脂肪迅速增多，肉嫩味美。

思考题

1. 肉种鸡育雏、育成、产蛋期的饲养管理要点有哪些？
2. 肉种鸡限制饲养的意义和方法是什么？
3. 肉种鸡光照管理为何很重要？
4. 如何提高肉种鸡的繁殖性能？
5. 肉用仔鸡光照管理有什么特点？
6. 肉用仔鸡饲养管理要点有哪些？
7. 肉鸭及鹅的饲养管理要点有哪些？

禽 病 的 防 治

■ 知识目标

1. 掌握禽病的发生原因。
2. 掌握养禽场禽病防控的方法。
3. 掌握养禽场传染病扑灭的措施。
4. 掌握养禽场常见禽病的病原特征、流行特点、诊断及防控方法。

■ 能力目标

1. 能制订养禽场的卫生防疫制度。
2. 能进行家禽的免疫接种。
3. 对发生的传染病会采取相应的扑灭措施。
4. 能对禽的常见疾病进行诊断和防控。

任务一 禽病的发生与传播

一、禽病发生的原因

禽病种类繁多，比较复杂。根据病因、病的特征和危害程度，基本上分为两大类：一类是由生物因素引起的，通常具有传染性，即传染病；另一类由非生物因素引起，是没有传染性的，即普通病。

1. 传染病 凡是由病原微生物引起，具有一定的潜伏期和特征性的临床表现，并具有传染性的疾病，称为传染病。根据其病原的不同，一般包括病毒性传染病、细菌性传染病、支原体病、真菌病等。由原虫、体内外寄生虫引起的疾病称为寄生虫病或原虫病。

2. 普通病 非生物因素引起且没有传染性的疾病称为普通病。主要有营养代谢病、中毒病、消化系统病、泌尿生殖系统病以及与管理因素有关的其他疾病等。

在普通病中，有些病也可大批发生，并有较高的病死率；有些病（如营养代谢疾病和慢性中毒性疾病等）虽然并不立即引起禽死亡，但能明显降低禽产品的数量和质量，从而造成一定的经济损失。因此，掌握常见家禽病防治方法，对维护禽群健康和促进养殖业发展具有十分重要的意义。

二、禽病发生的特征

1. 群发性　家禽个体小、抵抗力弱、饲养密度高又实行群饲，发病初期不易发觉，暴发传染病后蔓延很快，而有些传染病，尚无有效的药物或疫苗防治，更容易造成严重的损失。

2. 并发感染和继发感染　由两种以上病原微生物同时感染，称为并发感染（混合感染）。家禽已经感染了一种病原微生物之后，又由新侵入的或原来存在于体内的另一种病原微生物所引起的感染，称为继发感染。

目前，在临床或生产实践中，多种病原体并发感染或继发感染非常普遍，厌氧菌和需氧菌同时存在可能导致协同作用的发生。细菌混合共存，其中一些菌能抵御或破坏宿主的防御系统，使共生菌得到保护。更为重要的是并发感染常使抗生素活性受到干扰，体外药敏试验常不能反映混合感染病灶中的实际情况。病原体间相互作用还使一些疫病的临床表现复杂化，给诊断和防控都增加了难度。

3. 症状类同性　在临床上，不同传染病的表现千差万别，复杂多样，但也具有一些共同特征，以此与其他非传染病相区别。

（1）病原微生物与机体的相互作用。传染病由病原微生物与机体相互作用所引起，每一种传染病都有其特异的致病性微生物。如新城疫病毒感染鸡群引起鸡新城疫。

（2）具有传染性和流行性。病原微生物能在患病禽体内增殖并不断排出体外，通过一定的途径再感染另外一只有易感性的健康禽而引起具有相同症状的疾病，这种使疾病不断向周围散播的现象，是传染病区别于非传染病的一个重要特征。当具有适宜的条件，在一定时间内，某一地区易感禽群中可能有许多家禽被感染，致使传染病散播蔓延而形成流行。

（3）机体的特异性反应。在感染发展过程中由于病原微生物的刺激作用，机体发生免疫生物学的改变，产生免疫应答、产生特异性抗体、发生变态反应等。

（4）具有一定的临床表现和病理变化。大多数传染病都具有该病特征性的临床症状和病理变化，而且在一定时期或地区范围内呈现群发性。

（5）获得特异性免疫。多数传染病发生后，没有死亡的患病禽能产生特异性免疫，并在一定时期内或终生不再感染该传染病。

当家禽发生疾病时，不同疾病有相似的症状，因此在诊断疾病时，要综合分析，充分利用病理剖检和实验室检验等手段，以做出正确诊断。

三、禽病的传播

禽病传播的一个基本特征是能在家禽之间直接接触传染或间接地通过媒介物（生物或非生物传播媒介）互相传染构成流行，即家禽个体感染发病到家禽群体发病的过程，也就是传染病在家禽群中发生、发展以及终止的过程。

传染病在禽群中蔓延流行，必须具备3个基本环节，即传染源、传播途径、易感性群体。缺少任何一个环节，传染病就不可能发生与流行。

（一）传染源

传染源是指有某种传染病的病原体在其体内寄居、生长、繁殖，并能排出体外的动物机体。具体说就是受感染的家禽，包括患病家禽和病原携带者。

1. 患病家禽　患病家禽是主要的传染源。不同病期的病禽，其作为传染源的意义也不相同。前驱期和发病期的患病家禽可以排出大量毒力强大的病原体，因此传染源的作用也最大。潜伏期和恢复期的患病家禽是否成为传染源则随病种的不同而异，它们作为传染源的流行病学意义主要是病原携带者。

病禽排出病原体的整个时期为传染期。不同传染病传染期长短不同。各种传染病的隔离期就是根据传染期的长短来制订的。为了控制传染源，对病禽的隔离原则上要到传染期终了为止。

2. 病原携带者　是指没有任何症状，但携带并排出病原体的家禽，是更具有危险性的传染源。如果检疫不严，常被认为是健康家禽而参与流动，从而将病原体散播到其他地区，造成新的流行。病原携带者是个统称，如果已经明确所带病原体的性质，可以相应地称为带菌者、带毒者、带虫者等。病原携带者一般可分为 3 种类型。

（1）潜伏期病原携带者。这一时期大多数传染病不具备排出病原体的条件，因此不能作为传染源。但有少数传染病，如鸡传染性贫血、禽霍乱等在潜伏期的后期能够排出病原体，此时就有传染性了。

（2）恢复期病原携带者。是指临床症状消失后仍能排出病原体的家禽。一般来说，这个时期的传染性很弱或没有传染性，但还有一些传染病，如马立克病、禽传染性支气管炎、禽传染性喉气管炎等，恢复期病原携带者仍能排出病原体。在很多传染病的恢复阶段，机体免疫力增强，虽然症状消失但病原尚未肃清，对于这种病原携带者除应考查其病史，还应进行多次病原学检查方能查明。

（3）健康病原携带者。是指没有患过某种传染病，但却能排出该种病原体的家禽。一般认为这是隐性感染或是由条件性病原体感染的结果，通常只能靠实验室方法检出。这种携带状态一般为时短暂，作为传染源的意义有限，但是巴氏杆菌病、沙门菌病、大肠杆菌病等的健康病原携带者为数众多，可成为重要的传染源。

病原携带者存在着间歇排出病原体的现象，因此对其进行病原学检查，需反复多次检查均为阴性时，才可排除其病原携带状态。在非疫区，防止引入病原携带者的意义重大。

（二）传播途径

病原体由传染源排出后，经一定的方式再侵入其他易感动物所经的途径称为传播途径。明确传染病传播途径的意义在于有效将其切断，防止病原体继续传播，保护易感动物不受感染，这是防治传染病的重要环节之一。

传播途径可分为两大类：一是水平传播；二是垂直传播。

1. 水平传播　是指传染病在群体之间或个体之间以水平形式横向传播，在传播方式上可分为直接接触传播和间接接触传播两种。

（1）直接接触传播。是在没有任何外界因素的参与下，病原体通过已被感染的动物（传染源）与易感动物直接接触而引起感染的传播方式，如交配、吸血昆虫叮咬时等。如在家畜中狂犬病比较具有代表性，通常在被病畜直接咬伤并随着唾液将狂犬病病毒带进伤口的情况下而传染。仅能以直接接触而传播的传染病，其流行特点是一个接一个地发生，一般不造成广泛的流行。以直接接触为主要传播方式的传染病不多。

（2）间接接触传播。是指必须在外界环境因素的参与下，病原体通过传播媒介使易感动物感染的方式。将病原体从传染源传播给易感动物的各种外界环境因素称为传播媒介。传播媒介可以是生物，也可以是物体。

间接接触传播一般通过以下几种途径：

①经污染的饲料和饮水以及物体传播。这是最常见的一种方式。传染源的分泌物、排泄物和病禽尸体及其流出物污染了饲料、饮水、饲槽、禽舍用具、禽舍、车辆等，均可引起以消化道为侵入门户的疾病传播，如新城疫、沙门菌病、传染性法氏囊病等，而被霉菌及其毒素或其他毒物所污染的饲料，则常引起禽曲霉菌病及中毒病。

②经空气传播。空气不适于任何病原体的生存，但空气可以作为传染的媒介物。经空气而散播的传染主要是以飞沫和尘埃为媒介。飞沫是指病禽由于咳嗽、喷嚏、鼻液、呼吸等，将病原微生物散布在空气中，形成微细泡沫漂浮于空气中。所有呼吸道传染病主要通过飞沫传播，如禽传染性支气管炎、禽传染性喉气管炎、禽流感、鸡传染性鼻炎等。一般禽群密度过大，舍内黑暗、潮湿、通风不良，则飞沫传播的作用大。从传染源排出的分泌物、排泄物和未处理的尸体散布在外界，病原体附着物干燥后由于空气流动的冲击，在空气中飞扬，被易感动物吸入而感染。但实际上尘埃传播的作用比飞沫要小，因为只有少数在外界环境生存能力较强的病原体才能耐过干燥。

③卵源传播。有的病原体存在于病鸡或感染鸡的卵巢或输卵管，在蛋的形成过程中进入蛋内，有的蛋经泄殖腔排出时，病原体附着在蛋壳上。还有就是通过被病原体污染的各种用具和人员的手而带菌（毒）。细菌或病毒进入禽蛋主要取决于病变器官病原数量、蛋的污染程度、蛋的储存温度、蛋壳的完好程度、气温高低、空气湿度大小以及病原体的种类等因素。目前，已知由蛋传播的疾病有禽伤寒、鸡白痢、禽大肠杆菌病、鸡脑脊髓炎、禽白血病、病毒性肝炎、包涵体肝炎、产蛋下降综合征等。

④经孵化室传播。主要发生在雏鸡开始啄壳至出壳期间。这时的雏禽开始呼吸，接触周围环境，就会加速附着在蛋壳碎屑和绒毛中的病原体的传播。通过这一途径传播的疾病有禽曲霉菌病、沙门菌病等。

⑤经垫料和粪便传播。病禽的粪便中有大量病原体，而病禽使用过的垫料常被含有各种各样的病原体的粪便、分泌物等排泄物污染。如鸡马立克病病毒、传染性法氏囊病病毒、沙门菌、大肠杆菌和多种寄生虫虫卵等。如果不及时消除粪便和更换这些垫料，不严格消毒，本群鸡的健康就难以保证，同时还会殃及相邻的鸡群。

⑥经设备用具、其他动物和人传播。养禽场的一些设备和用具，尤其是一些禽群共用的设备和用具，如饲料箱、蛋箱、装禽箱、运输车等，往往由于管理不善，消毒不严，而成为传播疾病的重要媒介。飞鸟、鼠类和野兽等也能传播疫病。工作人员和参观者如不遵守消毒制度，也能通过衣服、鞋、手和工具等传播疫病。

⑦混群传播。某些病原体往往不会使成年禽发病，但这些成年禽可能是带菌、带毒和带虫者，具有很强的传染性。假如把后备禽群或新购入的禽群与成年禽群混合饲养，往往会造成许多传染病的暴发流行。

⑧羽毛传播。如果病禽羽毛处理不当，其可以成为传染病的重要传播因素。

2. 垂直传播　它主要表现在病原体经卵内传播。卵细胞携带有病原体，在发育时使胚胎受到感染称为经卵传播。经卵传播的病原体有鸡白痢沙门菌、禽白血病病毒、禽腺病毒、鸡传染性贫血病毒、禽脑脊髓炎病毒等。

家禽传染病的传播途径比较复杂，每种传染病都有其特定的传播途径，有的可能只有一种途径，有的有多种途径，即使是同一种传染病，不同的病例也可能有不同的传播途径。掌握病原体的传播方式及各传播途径所表现出来的流行特点，有助于对传染病进行诊断。

（三）易感群体

病原微生物仅是引起传染病的外因，它们通过一定的传播途径侵入禽体后，是否导致发病，还要取决于禽的内因，也就是禽的易感性和抵抗力。由于品种、日龄、免疫状况及体质强弱等情况不同，鸡对各种传染病的易感性有很大差别：如日龄方面，雏鸡对鸡白痢、脑脊髓炎等易感性很高，成年鸡则对禽霍乱易感性很高；免疫状况方面，禽群接种过某种传染病的疫苗或菌苗后，产生了对该病的免疫力，易感性即大大降低，当禽群对某种传染病处于易感状态时，如果体质健壮，也有一定的抵抗力。

禽传染病的传播，就是来自传染源的病原体通过一定的传染途径，使那些有易感性的禽感染发病。传染源、传播途径、易感禽这3个因素相互联系构成了传染病的流行过程，在这3个因素中，缺少任何一个，传染病就不能发生和流行。

任务二 禽病防控的基本原则

一、实行科学的饲养管理

养禽场实行科学的饲养管理，才有可能提高养禽效益，也是搞好卫生防疫工作的基础，只有坚持以"预防为主"，实行科学的饲养管理，搞好清洁卫生，才能从根本上增强禽群的抵抗力。

（一）供应全价配合饲料

根据禽类不同品种、不同年龄以及不同用途和不同生长时期的营养需要，选用优质全价的营养饲料，以保证对蛋白质、矿物质、维生素等营养物质的需要。一次配制饲料不宜过多，尤其是在夏季，最好现配现用，所用的饲料要相对稳定，不要突然改变饲料。在配制、储存、运输等环节中要防止污染、霉变、变质、生虫等。饲喂前，应仔细检查，不能饲喂发霉变质及含有毒物的饲料。要定时定量饲喂，这样既可满足禽的营养需要，又可避免浪费饲料。

（二）适宜温度和合理光照

对家禽要精心管理。根据禽的生长发育需要，舍内要保证适宜温度和合理光照，尤其是雏鸡，温度过低会诱发很多疾病，光照不足会引起钙的代谢障碍，产蛋禽舍温度过低和光照不足会直接导致产蛋率降低。改变温度和光照时，应该遵守循序渐进的原则，不能剧增猛减，以防破坏鸡的生理平衡。舍内冬天要防寒保暖，夏天能避暑降温。

（三）禽舍环境要保持清洁干燥

保持家禽体表干净、饲料干净、饮水用具干净、工具干净和垫草干燥。禽舍在做好清洁消毒的基础上，应保持良好的通风，并认真做好防野鸟、防昆虫、防鼠害和防人为污染的工作。禽舍地面要硬化，窗户要加纱网，杜绝鸟类、昆虫和鼠类进入。鸡舍严禁外人进入，饲养人员应穿工作服、工作鞋，并严格消毒。

（四）建立观察和登记制度

1. 经常观察禽群 观察禽群的目的是为了了解禽群的健康与采食状况，挑出病禽、停产禽，同时剔除死禽。有些病禽虽经治疗可以恢复，但恢复后也往往要停产很长一段时间，所以病禽应尽早淘汰。及时发现和淘汰病禽可提高全年的产蛋量和饲料转化率，减少饲料浪费，节约劳力，预防传染病和降低死亡率。

2. 做好生产记录 生产记录的内容很多，最低限度必须包括以下几项：产蛋量，存活、死亡和淘汰只数，饲料消耗量，蛋重和体重。管理人员必须经常检查家禽的实际生产记录，并与该品种家禽的性能指标相比较，找出问题，以便及时修正饲养管理措施。

（五）实行"全进全出"的饲养管理制度

"全进全出"是指同一栋禽舍或全场在同一时间饲养同龄的家禽，在同一时间出售或出栏。现代家禽生产都应采用"全进全出"的饲养管理制度。这种制度便于生产管理，可以实行统一的饲养标准、技术方案和防疫措施。家禽出场后，可以彻底清洁、消毒禽舍及全部养禽设备，以杜绝病原的循环感染，降低死亡率，提高禽舍利用率。

二、建立严格的兽医卫生管理制度

搞好环境卫生、严格消毒制度，提高养禽场禽群的健康水平和抗病能力是预防疾病的重要措施。

（一）饮水卫生

禽的饮水卫生问题十分重要，在10日龄前用凉开水，以后可换用深井水或自来水，饮水可用消毒药物处理，以提高其安全性，也可经常在饮水中加入高锰酸钾、碘制剂等消毒剂。如果使用饮水器或水槽，应每天清洗消毒1次。饮水器内的水至少每天更换2次，杜绝饮用过夜水。10日龄以后的禽最好用杯式饮水器或乳头式饮水器，可大幅度节约供水量，杜绝污染。

（二）饲料卫生

首先，要求饲料新鲜，应当每周给禽舍送1次饲料。散装饲料塔的容积应能容纳7d的饲喂量和2d的储备量。其次，对运输饲料的卡车进行有效的消毒。卡车必须驶过加有良好消毒液的消毒池，以消毒轮胎。驾驶室和车底盘部分可以用同样的消毒液喷洒，也可以建一个帐篷让卡车驶入，然后用甲醛熏蒸消毒。尽管不可能对装好饲料的卡车进行彻底消毒，但应尽最大努力采取一切可能的措施，因为运料卡车是致病微生物侵入禽舍的一个重要途径。最后，对料槽等应经常清洗，保持干净。

（三）禽舍卫生

禽舍卫生的核心工作就是消毒。消毒是贯彻"预防为主"的一项重要措施。消毒的目的是消灭传染源散播于外界环境中的病原体，以切断传播途径，阻止疾病继续蔓延。选择性使用消毒液，最好两种消毒液交替使用，对杀死病原微生物较有效。常采用的措施有以下几种：

1. 严管禽舍进出口 在禽舍进出口处要设消毒池，每周应更换1次消毒药，以保持消毒效果。饲养员进入禽舍前必须消毒，更换工作服、鞋。工作服、鞋应经常清洗、消毒。

2. 预防性消毒 结合平时饲养管理，对禽舍、场地、用具、饮水等进行定期消毒及计划性消毒。

3. 临时消毒 当发生家禽传染病时，病禽舍、病禽分泌物和排泄物、死禽污染场地、用具、物品，应定期多次消毒。有时要每天进行消毒。

4. 终末消毒 病禽在解除隔离，痊愈或死亡，解除封锁疫区，对残留的分泌物、禽舍要进行彻底的大消毒。

（四）禽粪便的无害化处理

1. 普通禽粪（一般性传染病）**处理法**　禽粪中有好热性细菌，经堆积发酵后，它可产生热量，使内部温度达到 80℃左右，从而杀死病原微生物和寄生虫卵，达到无害化处理的目的。

2. 对患恶性或对人有危害的某些传染病的病禽粪便处理法

（1）深埋法。即挖深坑，并在禽粪表面撒上石灰，再填埋 0.5～1.0m 厚的土即可。

（2）焚烧法。禽粪便量较少或垫草较多时，在草上堆上粪便焚烧，若燃烧不完全可加干草或油类助燃，直至烧完。

（3）化学处理法。即将粪便填埋入坑内，再加适量化学药品，如 2% 来苏儿、20% 漂白粉等，搅拌均匀，填土长期封存。

三、免疫接种

免疫接种就是用人工的方法把疫苗或菌苗等引入家禽体内，从而激发家禽自身的抵抗力，使易感禽变为有抵抗力的禽，从而避免传染病的发生与流行。定期进行预防免疫接种，以增强家禽自身的抵抗力，这是预防和控制家禽传染病极为重要的手段。

（一）免疫接种程序

免疫接种程序的制定受多种因素影响，如母源抗体水平、本地区疫病的流行情况、本场以往的发病情况、禽的品种和用途、疫苗的种类、禽的日龄等。因此，各养禽场不可能制定一个统一的免疫接种程序，应依据禽的品种、来源以及本场以往的病例档案情况而定。即使已制定好免疫接种程序，在有些情况下也可以适当调整。

（二）免疫接种的途径及方法

家禽疫苗的免疫接种方法可分为群体免疫法和个体免疫法。前者包括气雾、饮水；后者包括滴眼、滴鼻、翼膜刺种、羽毛囊涂擦、皮下注射或肌内注射、滴肛或擦肛等。具体采用哪种方法，应依据实际情况和疫苗使用说明而定。

1. 滴眼、滴鼻　用滴管将稀释好的疫苗滴入眼内或鼻腔内，这是雏禽免疫接种经常使用的一种方法，应用范围较广，对新城疫、禽传染性支气管炎、传染性法氏囊病等的很多弱毒疫苗均采用这种方法。此种方法，一方面免疫剂量可靠，另一方面可以避免或减少疫苗病毒被母源抗体中和。

2. 饮水法　在群体免疫中最为方便、省工、省力，还可避免因捕捉家禽而造成的应激，但易造成免疫剂量不均、免疫水平参差不齐。尤其是群体比较大时，更是如此，从而使鸡群不能抵御较强毒株的感染。大群家禽饮水免疫时，可第 1 天倍量饮 1 次，第 2 天常量再饮 1 次，可使家禽获得较整齐的免疫效果。为获得好的饮水免疫效果，应注意以下几个问题：

（1）用于饮水法的疫苗用量一般为注射剂量的 2～3 倍。

（2）稀释疫苗的饮水必须不含任何可使疫苗病毒或细菌灭活的物质，如氯、铁、锌、铜等，最好使用地下水，去离子水或凉白开水；含有疫苗的饮水应避免日光直射。

（3）饮水免疫前 24h 内不得饮用任何消毒药；饮活菌苗或弱毒菌苗后 2～3d 内暂停使用抗菌或抗病毒药物。

（4）饮水器要干净、无铁锈、数量要充足，保证所有家禽在短时间内饮到足够的疫苗。

（5）饮疫苗前根据天气情况，停水 2～4h，以便家禽能尽快而一致地饮用疫苗。一般要求在疫苗稀释后 2～3h 内饮完。

3. 皮下注射或肌内注射法 此法吸收快、剂量准确、效果确实。该法是最可靠的方法，但工作量比较大。适用于灭活疫苗和一些弱毒疫苗的免疫接种。

（1）皮下注射。部位在禽的颈背部。具体操作是，先局部消毒，后用食指和拇指将颈背部皮肤捏起呈三角形，之后沿三角的下部刺入针头注射即可。

（2）肌内注射。肌内注射一般以胸部肌肉或翅膀肩关节附近的肌肉为好，进针应与胸肌成 45°角斜向刺入，且进针不宜过深，以防误伤内脏。腿部肌内注射以外侧为宜，内侧易伤及神经或血管。

4. 翼膜刺种 一般是用接种针或钢笔尖蘸取疫苗，刺种于翅膀内侧无血管处。雏禽刺种一针即可，较大的家禽刺两针。接种后 1 周左右，可见刺种部位皮肤产生绿豆大小的小疱，以后逐渐干燥结痂。若接种部位不发生这种反应，则表明接种不成功，应重新接种。

5. 滴肛、擦肛法 主要用于禽传染性喉气管炎强毒疫苗的接种，方法是先提起禽的两脚，使禽肛门向上，将肛门黏膜翻出，滴上 1～2 滴疫苗，或用接种刷蘸取疫苗刷拭 3～5 次。

6. 气雾法 气雾免疫是一种简便而有效的免疫方法，适用于密集饲养的禽场。喷雾前关好门窗，必须保证禽舍内气流静止。疫苗采用加倍剂量，用特制的气雾喷枪喷雾。喷雾时向禽群上方 1～1.5m 处喷射，使疫苗形成雾化粒子，均匀地浮游于空气中，随禽的呼吸进入体内，达到免疫效果。20min 后打开门窗通风。为了降低禽舍亮度以保持家禽安静，最好在晚上进行。喷雾后 15min 以后禽的羽毛可干燥。

（三）影响家禽群体免疫的因素

影响家禽群体免疫的因素有以下几个：

1. 雏禽母源抗体干扰 母源抗体是指雏禽从卵黄中吸收的抗体，它在雏禽的被动免疫中发挥着重要作用，可保护雏禽在出壳后 1～2 周内免受相应病原微生物的感染。它可给疫苗的免疫造成不利影响，如中和部分疫苗病毒，限制疫苗病毒（尤其是弱毒疫苗）在体内的增殖过程，使疫苗病毒不能有效地刺激机体产生抗体，影响免疫效果。一旦有强毒侵入，就可导致家禽群体发病。

2. 疫苗的质量 疫苗本身质量不合标准，含病原数量少；或疫苗储存不当、疫苗过期、油苗储存时结冻或出现油水分层等，都不宜使用。

3. 疫苗的选择不当 疫苗选择不当易引起免疫失败。如在传染性法氏囊病流行较严重的地区，仅选用低毒力、单一血清型的疫苗，或选用与本地流行毒株血清型不符的疫苗都达不到免疫效果。

4. 疫苗使用不当 每种疫苗都有其特定的接种方法、部位、剂量和稀释方法，应严格按要求使用。疫苗使用不当将直接影响免疫效果。生产中常见的问题有以下几种。

（1）接种途径不当。各种疫苗都有其最佳接种途径，改变后将使免疫效果不佳。

（2）疫苗稀释倍数过大，造成饮水时间过长，或所用水水质不合格。

（3）多种疫苗随意混合使用，产生免疫干扰。

（4）疫苗剂量随意加大，造成免疫麻痹。

（5）使用时机不当，如无母源抗体的雏禽初次免疫即使用较强毒力的疫苗，可引起免疫麻痹。

（6）使用活菌苗或弱毒疫苗后，又使用抗菌或抗病毒药物。

5. 病原微生物的抗原发生变异　超强毒株或新血清型的出现，使得仍用常规弱毒疫苗的禽群难以抵御强毒的侵袭而发病。如近几年来禽流感、传染性法氏囊病等的流行即属此种原因。

6. 免疫缺陷、免疫麻痹是引起免疫抑制的原因　免疫缺陷是禽群内某些个体体内的免疫球蛋白A合成障碍，从而造成对抗原的刺激不能产生正常的应答；免疫麻痹是指在一定范围内，增大抗原的用量，抗体的产生量也随之增加，若抗原的量过大，超过一定限度，抗体的产生反而受到抑制。当营养缺乏，如蛋白质、维生素、微量元素等缺乏，或由于感染某些疾病均会引起免疫抑制。

四、卫生消毒

消毒是传染病预防措施中的一项重要内容，它可将养殖场、交通工具被污染物体中病原微生物的数量减少到最低或无害的程度。具体的消毒内容有以下几种。

1. 环境消毒　经常消毒清除鸡舍附近的垃圾、杂草；定期进行灭鼠和杀虫，防止活体媒介物和中间宿主与禽接触；消灭蚊、蝇滋生地，消灭疫病的传染媒介；及时清除死禽和病禽，不让犬、猫及饲养员吃死禽、病禽，必须深埋或烧毁；场内禁止饲养猫、鸽子等。

2. 人员消毒　凡进入鸡舍人员必须经过消毒，进入禽舍要更换衣、帽、胶鞋。胶鞋需浸入消毒池或缸内进行消毒。养殖场生产区谢绝参观。

3. 禽舍消毒　禽舍消毒的程序：清空禽舍→清扫→清洗→整修→检查→化学消毒。

（1）清空禽舍。将所有家禽（包括活的、死的、逃出的）全部转移、清空。

（2）清扫。将禽舍内笼具清扫干净。清扫的顺序为由上到下、由里到外。

（3）清洗。对天花板、横梁、壁架、墙壁、地板用高压水枪进行清洗。清洗的顺序同清扫。

（4）整修。冲洗之后，对各种损坏的设备设施进行整修，如地板、门窗及禽舍内的其他固定设施。

（5）检查。对经清扫、清洗、整修后的禽舍进行检查，合格后再进行下一步工作；不合格的要重做。

（6）化学消毒。清洗干燥后才能进行化学消毒。禽舍最好使用2种或3种不同的消毒剂进行2～3次消毒，只用一种消毒剂消毒效果不好，因为不同的病原体对不同消毒剂的敏感性不同，一次消毒不能杀灭所有病原体。一般化学消毒的顺序为：碱性消毒剂消毒，酚类、卤素类、表面活性剂或氧化剂喷雾消毒、甲醛熏蒸消毒。

①碱性消毒剂消毒。一般用2%～3%氢氧化钠或用10%石灰乳。氢氧化钠可喷雾消毒，石灰乳可粉刷墙壁和地面。

②酚类、卤素类、表面活性剂或氧化剂喷雾消毒。酚类消毒剂可用3%～5%煤酚皂或0.3%～1%的复合酚。卤素类可用5%～20%的漂白粉乳剂。表面活性剂可用聚维酮碘溶液（百毒杀）[有50%和10%两种浓度，1kg水加浓度50%的聚维酮碘溶液（百毒杀）0.3～0.5mL；1kg水加浓度10%的聚维酮碘溶液（百毒杀）1.5～2.5mL]。氧化剂可用0.5%过

氧乙酸用喷雾方法进行消毒。

③甲醛熏蒸。$1m^3$ 空间用甲醛溶液 $28\sim42mL$，高锰酸钾 $14\sim21g$。一般密闭门窗熏蒸 $1\sim2d$，然后打开门窗，使甲醛气体充分排出后再进家禽。

(四) 用具消毒

孵化器、运雏箱等可先用 0.1% 新洁尔灭或 $0.2\%\sim0.5\%$ 过氧乙酸溶液浸泡或洗刷，然后再在密闭的室内，在 $15\sim18℃$ 下，用甲醛熏蒸消毒 $5\sim10h$。

任务三　家禽传染病的扑灭措施

禽场或某一地区的禽群一旦发生传染病或疑似传染病，应及时采取措施，控制和扑灭此传染病。

一、隔离

对患病和可疑感染的家禽进行隔离是防控传染病的重要措施之一。其目的是控制传染源，防止病原继续扩散传播，以便将疫情控制在最小范围内就地扑灭。因此，在发生传染病时，应首先查明该病的蔓延程度，逐只检查病禽和可疑感染家禽的临床症状，必要时进行血清学和变态反应检查。

1. 患病家禽　是指从发病群中隔离出来的，有典型症状或类似症状，或其他检查为阳性者。它们是最主要的传染源，应选择不易散播病原体、消毒处理方便的场所进行隔离。如果病禽较多，应集中在原来的舍内，特别注意严格消毒，加强卫生管理，安排专人看管和及时进行治疗。隔离场所禁止闲杂人出入和接近。工作人员出入应严格遵守消毒制度。隔离区内的用具、饲料、粪便等，未经彻底消毒不得运出。没有治疗价值的病禽群体，由兽医工作人员按国家法规进行严格处理。

2. 可疑感染的家禽　指未发现任何症状，但与患病禽及其污染环境有过明显接触的家禽，如同群、同舍、同槽，使用共同的水源等。这类家禽有可能处在潜伏期，并有排菌（毒）的危险，应在消毒后另选地点将其隔离，限制其活动，仔细观察，出现症状者则按患病禽处理。有条件时应立即进行紧急免疫接种或预防性治疗。隔离观察时间的长短，根据该病潜伏期的长短而定，经过该病一个最长潜伏期仍无症状者，可取消隔离措施。

3. 假定健康禽群　除上述两类外，疫区内其他易感禽均属此类。应与上述两类严格隔离饲养，加强防疫消毒和相应的保护措施，立即进行紧急免疫接种或药物预防，必要时可根据实际情况分散喂养或转移至偏僻区域。

二、封锁

1. 概念　当发生某些重要传染病时，在隔离的基础上，针对疫源地采取封闭措施，防止疫病向安全区散播和健康家禽误入疫区而被感染，以达到保护其他地区家禽的安全和人们的健康、迅速控制疫情和集中力量就地扑灭的目的。

2. 封锁确定　根据《中华人民共和国动物防疫法》的规定，当确诊为高致病性禽流感等一类传染病或当地新发现传染病时，当地县级以上畜牧兽医行政部门应当立即派员到现场，划定疫点、疫区、受威胁区，采集病料，调查疫源，及时报请同级人民政府决定对疫区实行封锁，将疫情等情况逐级上报农业农村部畜牧兽医行政管理部门。

封锁区的划分：根据该病的特点、流行规律、家禽分布、地理环境、居民点以及交通等条件确定疫点、疫区和受威胁区。

执行封锁的原则：执行封锁时掌握"早、快、严、小"的原则，即发现疫情时报告和执行封锁要早，行动要快，封锁要严，范围要小。

三、扑杀

扑杀政策是指在农业农村主管部门的授权下，宰杀感染特定疫病的动物及同群可疑感染动物，并在必要时宰杀直接接触动物或可能传播病原体的间接接触动物的一种强制性措施。

四、紧急免疫接种

紧急免疫接种是指在发生传染病时为了迅速控制和扑灭传染病，而对疫区和受威胁区尚未发病的家禽进行的应急性接种。从理论上讲，紧急免疫接种以使用免疫血清较为安全有效。但因血清用量大，价格高，免疫期短，大批禽群使用不大可能。实践证明，使用疫苗进行紧急免疫接种是可行的，如发生新城疫和鸭瘟等一些急性传染病时，用疫苗进行紧急免疫接种，效果较好。

在疫区应用疫苗进行紧急免疫接种时，仅能对正常无病的家禽实施。对病禽和可能受到感染的处于潜伏期的家禽，必须严格消毒立即隔离，不能再接种疫苗，由于在外表正常无病的禽群中可能混有一部分处于潜伏期的家禽，这些禽群在接种后不但不能获得保护，反而会促使其更快发病，因此在紧急接种后一段时间内禽群中发病的家禽数量有增多的可能，但由于这些急性传染病的潜伏期短，而疫苗接种后又很快就能产生抵抗力，因此发病不久即可使发病率下降，使流行停止。由此可见，使用的疫苗产生免疫力的时间比潜伏期短时，才能使紧急免疫接种产生较好的效果。

对受威胁区进行紧急免疫接种，其目的是建立"免疫带"包围疫区，以防疫病蔓延，以便就地扑灭疫情。但这一措施必须与疫区的封锁、隔离、消毒等综合措施相配合才能取得较好的效果。

五、消毒

消毒是贯彻以预防为的主方针和执行综合性防控措施中的重要环节，其目的是消灭被传染源散播在外界的病原体，切断传播途径，阻止病情继续蔓延。消毒种类有以下几种：

1. 预防性消毒 结合平时的饲养管理对禽舍、场地、用具和饮水等进行定期消毒，以达到预防一般传染病的目的。

2. 随时消毒 在发生传染病时，为了及时消灭病禽排出的病原体而进行的不定期消毒。在解除封锁前，进行定期、多次消毒。病禽隔离舍应每天消毒。

3. 终末消毒 在病禽群解除隔离、痊愈或死亡后，或者在疫区解除封锁之前，为了消灭疫区内可能残留的病原体所进行的全面彻底的消毒。

六、传染病的治疗

对家禽传染病的治疗，一方面是挽救病禽，减少损失；另一方面在某种情况下也是为了消除传染源，是综合性防控措施的一个组成部分。当认为无法治愈，或治愈后不能发挥其生产性能，或病禽对周围有严重传染威胁时，为防止疫病蔓延扩散，应在严密的消毒下将家禽进行淘汰宰杀。

（一）对因治疗

在家禽传染病的治疗方面，帮助禽体杀灭或抑制病原体，或消除其致病作用的方法（疗法）是很重要的，一般可分为免疫治疗（特异性疗法）、抗生素疗法、化学疗法、中草药疗法等。

1. 免疫治疗（特异性疗法）　应用针对某种传染病的高免血清、痊愈血清（或全血）、高免卵黄等特异性生物制品进行治疗，因为这些制品只对某种特定的传染病有疗效，对其他病无效。血清治疗时如果使用异种的动物血清，应特别注意防止过敏反应。

2. 抗生素疗法　抗生素为细菌性急性传染病的主要治疗药物，但要注意合理使用，不能滥用。否则，往往引起不良后果：一方面，可能使敏感病原体对药物产生耐药性；另一方面，可能引起机体不良反应，蓄积残留甚至引起中毒。

3. 化学疗法　主要用磺胺类药物、抗菌增效剂、硝基呋喃类药物等。抗病毒感染的药物在临床上应用得很少。

4. 中草药疗法　目前的研究成果表明，某些中草药能够增强机体的免疫功能，具有抗应激、抗菌、抗病毒、促生长和改善家禽产品质量及风味等多重作用。由于中草药具有天然性、多能性、毒副作用小、无抗药性，在产品中不出现残留、使用简单、效果持久等优点，在一些疫病治疗过程中有明显效果，因此应加强中草药药物的研究和开发，以便在临床实践中发挥更大的作用。

（二）对症治疗

在传染病治疗中，为了减缓或消除某些严重的症状、调节和恢复机体的生理机能而按病症选用药物的疗法，如退热、止痛、镇静、兴奋、利尿、清泻、止泻、防止酸中毒和碱中毒、调节电解质平衡等。

▉ 思考题

1. 传染病的特征有哪些？
2. 试述传染病的发展阶段及主要表现。
3. 试述传染病传播途径的主要内容。
4. 隔离和封锁在实际扑灭传染病措施中有何作用？
5. 紧急免疫接种时应注意哪些问题？
6. 常用的消毒方法和消毒剂有哪些？

参 考 文 献

蔡长霞，2013. 养禽与禽病防治［M］. 北京：中国轻工业出版社.

段修军，李小芬，2019. 家禽生产［M］.2 版. 北京：中国农业出版社.

付兴周，2017. 家禽生产学［M］. 郑州：郑州大学出版社.

黄国清，2016. 家禽生产［M］. 北京：中国农业大学出版社.

刘小飞，2019. 家禽生产学［M］. 北京：中国林业出版社.

宋敏训，2014. 家禽科学技术研究［M］. 北京：中国农业科学技术出版社.

王小芬，2018. 养禽与禽病防治［M］. 北京：中国农业大学出版社.

徐英，2015. 家禽生产技术［M］. 北京：化学工业出版社.

张玲，2019. 养禽与禽病防治［M］. 北京：中国农业出版社.

张学礼，2010. 养鸡与鸡病防治［M］. 银川：宁夏人民出版社.

赵聘，2015. 家禽生产［M］. 北京：中国农业大学出版社.